高等学校信息通信工程类专业系列教材

信息通信工程建设与管理

主　编　赵继勇

副主编　钱惠明　胡均权　曹　芳

西安电子科技大学出版社

内 容 简 介

本书作者以工程师和教师的"双师"身份，从信息通信工程建设者与管理者的视角，系统全面地阐述了建设方、设计方、施工方以及监理方等工程参与方的基本工作及相关理论，并就各参与方共同关注的工程造价、招标投标以及进度控制等内容进行了专题介绍。

全书共 7 章。第 1 章概述了建设工程项目管理，第 2、3、4 章分别介绍了信息通信工程设计、施工以及监理，第 5 章讲解了建设工程造价管理，第 6、7 章分别讲解了信息通信工程招标投标以及进度管理。

本书内容新颖、覆盖面广，突出了工程实用性，既可作为普通高等院校通信类专业相关课程的教材或教学参考用书，也可作为信息通信工程领域的函授、培训教材以及规划设计、施工、监理、技能鉴定等相关从业人员的参考用书。

图书在版编目（CIP）数据

信息通信工程建设与管理 / 赵继勇主编. -- 西安 ：西安电子科技大学出版社，2025．9. -- ISBN 978-7-5606-7779-8

Ⅰ．TN91

中国国家版本馆 CIP 数据核字第 202518QJ44 号

信息通信工程建设与管理

XINXI TONGXIN GONGCHENG JIANSHE YU GUANLI

策　　划	杨　婷　杨美慧
责任编辑	于文平
出版发行	西安电子科技大学出版社（西安市太白南路 2 号）
电　　话	（029）88202421　88201467　　邮　　编　710071
网　　址	www．xduph．com　　　　电子邮箱　xdupfxb001@163.com
经　　销	新华书店
印刷单位	陕西日报印务有限公司
版　　次	2025 年 9 月第 1 版　2025 年 9 月第 1 次印刷
开　　本	787 毫米×1092 毫米　1/16　印　　张　11
字　　数	254 千字
定　　价	49.00 元

ISBN 978-7-5606-7779-8

XDUP 8080001-1

＊＊＊如有印装问题可调换＊＊＊

前　言

PREFACE

现今，我国信息通信行业已完成了从技术依赖到自主创新的华丽转身，实现了从"技术跟跑"到"技术领跑"的跨越式发展。1978年，全国电话用户仅192.54万户，通信网络覆盖严重不足；截至2025年3月，我国已建成全球规模最大的5G网络，基站总数超439.5万个，5G用户超12亿户，千兆光网络覆盖超2.1亿户家庭，光纤用户占比达94.3%，IPv6活跃用户超63%，数字经济规模连续多年稳居世界第二。随着数字中国战略的持续深化，信息通信将加速赋能实体经济，成为我国社会高质量发展的核心引擎。在此背景下，信息通信工程建设中的设计、施工以及监理三大领域将迎来重大机遇：设计企业可聚焦6G试验网、卫星互联网地面站等新兴市场，推动行业向"高新"迈进；施工企业可发力"东数西算"枢纽节点、智慧城市感知网络等国家级项目，推动行业朝"智造"升级；监理企业可拓展"一带一路"等海外信息通信工程建设监理市场，推动行业与"国际"接轨。诚然，挑战与机遇并存，信息通信技术的迅猛发展对设计、施工、监理企业也提出了更高要求。信息通信技术及标准规范的快速更新迭代，信息通信网络的规模化、复杂化以及多元化，加大了规划设计的难度与投入，要求设计企业努力增强设计创新能力和跨领域融合能力；信息通信工程建设市场规模的急速扩张催生了大量项目需求，但工程施工环境复杂化与技术工艺现代化增大了施工难度与成本压力，而且安全生产与环保监管要求日趋严苛，要求施工企业大力提高技术工艺水平以及现代化管理水平；信息通信行业的规范化拉动监理服务需求激增，尤其需要在质量控制、进度控制等环节发挥关键作用，但市场竞争加剧导致利润空间压缩，更需适应智能化、数字化监理转型，要求监理企业能够利用AI风险识别、区块链存证等新技术着力提升工程管控效率，并强化数据安全与隐私保护能力。总之，信息通信技术的高速发展倒逼设计、施工与监理企业协同提升技术能力与管理水平。

当前，信息通信工程建设各参与方的管理水平及相关从业人员的技术水平良莠不齐，而且技术人员的建设工程项目管理意识淡薄，管理人员的信息通信工程专业知识匮乏，普遍存在技术与管理"两张皮"的现象，加之信息通信工程建设项目中设计、施工与监理企业各自为政，协调与管理难度较大，不利于各方资源的高效整合、项目风险的精准防控和工程要素的整体协同。因此，信息通信工程建设急需既懂技术又懂管理的复合型人才，亟待推动行业向高质量、可持续的方向发展。

目前，市面上多见单一讲授信息通信工程专业理论知识，或单纯介绍建设工程项目管理的教材，但鲜见将信息通信专业技术与信息通信工程项目管理有机结合的教材。本书作者以工程师和教师的"双师"身份，从信息通信工程建设者与管理者的视角，依据国家、工业和信息化部颁布的最新标准规范，根据信息通信工程建设与管理人员的实际学习需求，系统全面地阐述了建设方、设计方、施工方以及监理方等参与方在工程建设中的角色分工、主要工作以及作用发挥，并就信息通信工程建设各参与方共同关注的工程造价、招标投标以及进度控制等内容进行了专题介绍，还简要介绍了新技术、新手段在信息通信工程建设与管理中的应用。全书共分 7 章，第 1、2、3、6 章由赵继勇编写，第 4 章由钱惠明编写，第 5 章由曹芳编写，第 7 章由胡均权编写，全书由张凌瑄、单蕾校对，赵继勇完成统稿。

本书在突出工程实用性的同时，注重信息通信技术的前沿性；在阐释信息通信工程建设与管理必备知识的同时，强调关键能力、学科素养的培塑。本书既适合信息通信工程建设管理、设计、施工以及监理等从业人员深入学习本领域的专业知识，也利于各参与方全面了解信息通信工程建设与管理的基础理论，有助于"技术＋管理"式复合型人才的培养。

编　者
2025 年 3 月

目　录

CONTENTS

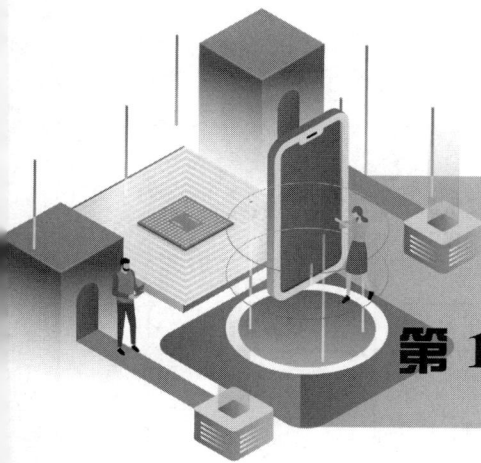

第 1 章　建设工程项目管理

建设工程项目管理是工程建设的"指挥中枢"，其价值不仅在于保证单个项目的顺利实施，更在于通过资源高效整合、风险精准防控和要素整体协同，推动行业向高质量、可持续方向发展。我国在建设工程项目管理实践的基础上，借鉴和吸收了国际上较为成熟和普遍接受的项目管理理论和惯例，制定出一套既适应国内工程建设国际化需求，也适应我国企业进行国际建设工程项目管理需求的建设工程项目管理规范。本章将重点介绍建设工程项目管理的相关概念、建设工程项目的分类与划分、建设工程基本建设程序与投资等内容。

1.1　建设工程项目管理概述

1.1.1　建设工程管理

1. 建设工程管理的概念

建设工程管理(Professional Management in Construction，PMC)是指在建筑或工程项目的全生命周期内(即工程项目全过程，包括立项阶段、实施阶段和验收投产阶段)，通过科学规划、组织协调和控制资源(如人力、材料、资金、技术等)，实现项目目标(质量、成本、进度、安全、环保等)的专业管理活动，其核心是确保建设工程从策划到竣工的全过程高效、有序地进行。

建设工程管理主要由投资方、开发方、设计方、施工方、供货方以及项目使用期的管理方等，在包括立项、实施以及验收投产三个阶段的全生命周期内，分别实施开发管理(Development Management，DM)、项目管理(Project Management，PM)以及设施管理(Facility Management，FM)等活动，具体如图 1.1 所示。

在立项阶段，主要由投资方、开发方实施开发管理；在实施阶段，投资方、开发方的项目管理活动贯穿准备、设计与施工三个环节，而设计方的项目管理仅涉及设计环节，施工方、供货方的项目管理仅涉及施工环节；在验收投产阶段，投资方、开发方以及项目使用期的管理方共同实施设施管理，而施工方、供货方则应参与并配合验收工作。

项目	立项阶段	实施阶段			验收投产阶段
		准备	设计	施工	
投资方	开发管理	项目管理			设施管理
开发方	开发管理	项目管理			设施管理
设计方			项目管理		
施工方				项目管理	
供货方				项目管理	
项目使用期的管理方					设施管理

图 1.1　建设工程管理活动

2. 建设工程管理的任务

建设工程管理是一项增值服务工作，其核心任务就是为工程的建设和使用增值。工程建设增值主要包括确保工程建设安全、提高工程质量、控制投资（成本）以及控制进度等任务，工程使用增值主要包括确保工程使用安全、环保节能、满足最终用户的使用功能、降低工程运营成本以及益于工程维护等任务，具体如图 1.2 所示。

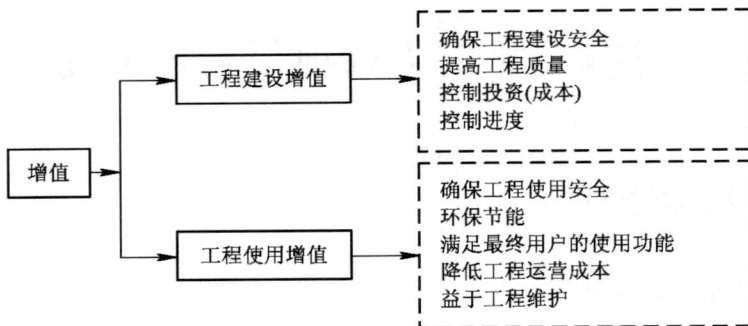

```
               ┌─ 工程建设增值 ─→  确保工程建设安全
               │                   提高工程质量
               │                   控制投资(成本)
增值 ─┤                   控制进度
               │
               └─ 工程使用增值 ─→  确保工程使用安全
                                   环保节能
                                   满足最终用户的使用功能
                                   降低工程运营成本
                                   益于工程维护
```

图 1.2　建设工程管理的增值任务

1.1.2　建设工程项目管理

1. 建设工程项目管理的概念

《建设工程项目管理规范》（GB/T 50326—2017）中明确，建设工程项目管理是指运用系统的理论和方法，对建设工程项目进行的计划、组织、指挥、协调和控制等专业化活动，简称项目管理。

需要注意的是，建设工程项目管理是建设工程管理中的一个组成部分，建设工程项目管理工作的时间范畴仅限于建设工程项目的实施阶段，而建设工程管理工作则涵盖项目的全生命周期。

2. 建设工程项目管理的分类

任何一个建设工程项目均有诸多参与方承担着不同的建设或管理任务(如勘察设计、物资供应、安装施工、监理、投资管理、政府监管等),参与方的工作性质、任务和利益各不相同,从而形成了代表不同利益方的建设工程项目管理。因此,按照建设工程项目不同参与方的工作性质及组织特征,建设工程项目管理可分为下述五种类型:

(1)业主方的项目管理(如投资方、开发方、代建方的项目管理);

(2)设计方的项目管理;

(3)供货方的项目管理(如材料和设备供货方的项目管理);

(4)项目总承包方的项目管理(如设计和施工任务综合承包的项目管理,设计、采购和施工任务综合承包的项目管理);

(5)施工方的项目管理(如施工总承包方、施工总承包管理方和分包方的项目管理)。

由于投资方是建设工程项目实施过程中人力资源、物质资源和知识的总集成者,也是建设工程项目实施过程的总组织者,因此对于建设工程项目本身而言,投资方的建设工程项目管理通常为管理核心。

3. 建设工程项目管理的目标及任务

建设工程项目管理是在项目的实施阶段,通过项目策划和项目控制,实现项目的费用目标、进度目标和质量目标。目前,建设领域中已广泛使用建设工程项目管理,其核心任务是项目目标的控制,各参与方的具体任务可能包括安全管理、投资(成本)控制、进度控制、质量控制、合同管理、信息管理以及组织协调等。

1)业主方项目管理的目标和任务

业主方项目管理服务于业主的利益,其项目管理的目标包括项目的投资、进度和质量目标。其中,投资目标是指项目总投资的控制;进度目标是指项目交付使用的时间节点,如系统投入运营、工厂建成投产、道路通车、办公楼启用、旅馆开业等时间节点;质量目标涉及的内容较多,有施工质量、设计质量、材料质量、设备质量和运营环境质量等,质量目标以满足相应的技术规范和技术标准为最低要求。

业主方项目管理涉及项目实施阶段的全过程,即在设计前的准备阶段、设计阶段、施工阶段、动用前准备阶段和保修期分别完成表 1.1 中的各项任务。

表 1.1　业主方项目管理任务

项目	设计前的准备阶段	设计阶段	施工阶段	动用前准备阶段	保修期
安全管理					
投资控制					
进度控制					
质量控制					
合同管理					
信息管理					
组织协调					

注:动用前准备阶段,即交付前准备阶段或试运行前阶段,是指建设工程项目在完成主体施工、设备安装调试后,正式投入商业运营或交付使用前从事一系列关键准备工作的阶段。

表 1.1 对应了业主方项目管理的 35 项任务。需要强调的是，由于安全管理涉及人的健康与安全，所以安全管理是项目管理所有任务中最重要的，而投资控制、进度控制、质量控制和合同管理等管理任务仅仅涉及物质利益。

2）设计方项目管理的目标和任务

设计方项目管理主要服务于项目的整体利益，同时也服务于自身利益。因此，设计方项目管理的目标包括设计的成本目标、进度目标和质量目标，以及项目的投资目标。

设计方项目管理工作主要涉及设计阶段，但也可能涉及设计前的准备阶段、施工阶段、动用前准备阶段和保修期中的部分工作。设计方项目管理的任务主要包括下述七个方面：

(1) 与设计方有关的安全管理；

(2) 设计方自身的成本控制和与设计工作有关的工程造价控制；

(3) 设计方进度控制；

(4) 设计质量控制；

(5) 设计方合同管理；

(6) 设计方信息管理；

(7) 与设计有关的组织协调工作。

3）供货方项目管理的目标和任务

供货方项目管理主要服务于供货方自身利益，但也需要兼顾项目的整体利益。供货方项目管理的目标包括供货方的成本目标以及供货的进度目标、质量目标。

供货方项目管理工作主要涉及施工阶段，但也可能涉及设计前的准备阶段、设计阶段、动用前准备阶段和保修期中的部分工作。供货方项目管理的任务主要包括下述七个方面：

(1) 与供货方有关的安全管理；

(2) 供货方的成本控制；

(3) 供货工作的进度控制；

(4) 供货产品的质量控制；

(5) 供货方合同管理；

(6) 供货方信息管理；

(7) 与供货有关的组织协调工作。

4）项目总承包方项目管理的目标和任务

项目总承包方（建设项目工程总承包方/工程总承包方）受业主方的委托承担工程建设任务，应严格按照合同约定完成应尽的任务和义务。项目总承包方项目管理主要服务于项目整体利益，同时兼顾其自身利益，其项目管理的目标包括工程建设全过程的安全管理目标、项目的总投资目标和项目总承包方自身的成本目标、项目总承包方工作的进度目标以及质量目标。

项目总承包方项目管理工作涉及项目实施阶段的全过程，即设计前的准备阶段、设计阶段、施工阶段、动用前准备阶段和保修期。项目总承包方项目管理的任务主要包括下述八个方面：

(1) 项目风险管理；

(2) 项目进度管理；

(3) 项目质量管理；

（4）项目费用管理；

（5）项目安全、职业健康与环境管理；

（6）项目资源管理；

（7）项目沟通与信息管理；

（8）项目合同管理等。

5）施工方项目管理的目标和任务

施工方项目管理在服务于自身利益的同时，也必须服务于项目的整体利益。施工方项目管理的目标应符合合同的要求，包括施工方的安全管理目标、自身的成本目标、施工工程的进度目标以及质量目标。

施工方项目管理工作主要涉及施工阶段，但也会涉及设计阶段、动用前准备阶段和保修期。施工方项目管理的任务主要包括下述七个方面：

（1）施工安全管理；

（2）施工方自身的成本控制；

（3）施工工程进度控制；

（4）施工工程质量控制；

（5）施工工作合同管理；

（6）施工工作信息管理；

（7）与施工有关的组织与协调工作。

4. 建设工程项目目标的动态控制

建设工程项目目标的动态控制有利于项目目标的实现并促进施工管理科学化，建设工程项目中应广泛采用动态控制的方法和手段。我国虽然在很多年前引入并运用了建设工程项目管理的理论和方法，但尚未完全普及项目目标的动态控制机制。部分施工企业的项目目标控制管理依旧相当粗放，甚至管理缺失，无法定量评价建设工程项目的施工成本、施工进度以及施工质量的控制，指导施工管理更无从谈起。

项目管理最基本的方法论就是对项目目标的动态控制。建设工程项目在实施过程中，主观与客观条件必然发生变化，平衡与不平衡状态也实时变换。因此，在项目实施过程中需要随着条件的变化对项目目标进行动态控制。

1）项目目标动态控制的工作程序

项目目标动态控制的工作程序一般分为三步，具体如下所述。

第一步，动态控制的准备工作。应将项目目标进行分解，确定项目目标的计划值并将其作为控制的目标。

第二步，实施过程中项目目标的动态控制。

（1）收集项目在实施过程中控制内容的实际值，如实际投资、实际进度等；

（2）定期对项目目标的计划值和采集到的实际值进行比较；

（3）通过计划值和实际值的比较，如发现偏差，则应采取措施纠正偏差。

第三步，确有必要，则对项目目标进行调整，目标调整后重复第一步到第三步的循环。

采用计算机辅助手段可高效、及时和准确地分析项目目标动态控制时的大量数据，生成项目目标动态控制所需要的报表，如成本比较报表、进度比较报表等，协助项目目标动态控制的实施。

2）项目目标动态控制的纠偏措施

项目目标动态控制的纠偏措施主要包括组织措施、管理措施、经济措施以及技术措施，如图 1.3 所示。

（1）组织措施。分析影响项目目标实现的组织方面的原因，进而采取相应措施，常用措施包括调整项目管理班子成员、改变项目组织结构、明确任务分工及管理职能分工以及优化工作流程组织等。

（2）管理措施。分析影响项目目标实现的

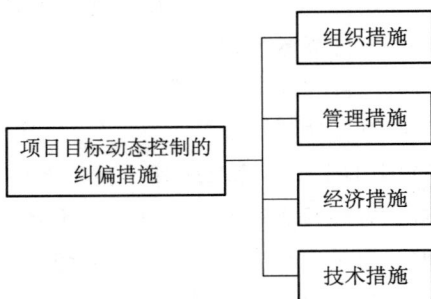

图 1.3　项目目标动态控制的纠偏措施

管理（包括合同）方面的原因，进而采取相应措施，常用措施包括调整管理的方法和手段、改变施工管理以及强化合同管理等。

（3）经济措施。分析影响项目目标实现的经济方面的原因，进而采取相应措施，常用措施包括落实并加快施工资金、采用经济激励手段等。

（4）技术措施。分析影响项目目标实现的技术、设计和施工等方面的原因，进而采取相应措施，常用措施包括变更设计内容、改进施工方案以及使用更先进的施工机具等。

在实施过程中，项目管理者往往会优先采取技术措施来纠偏项目目标，而忽视了组织措施和管理措施的重要性。需要强调的是，一定要充分重视组织措施对项目目标控制的决定性作用。

1.2　建设工程项目的分类与划分

1.2.1　建设工程项目的分类

建设工程项目是指为完成依法立项的新建、扩建、改建工程而进行的，有起止日期且达到规定要求的一组相互关联的受控活动，包括策划、勘察、设计、采购、施工、试运行、竣工验收和考核评价等阶段，简称项目。

建设工程项目有多种分类方法，可以按照建设性质、过程阶段、直接用途、投资规模以及资金来源等进行分类。

1. 按建设性质分类

建设工程项目按建设性质可以分为新建项目、扩建项目、改建项目、恢复项目以及迁建项目等五类。建设工程项目的性质贯穿整个建设项目的完成周期，项目按总体设计全部建成之前，其性质维持不变。

（1）新建项目。新建项目是指新开始建设的项目，或对原有建设项目重新进行总体设计，经扩大建设规模后，其新增固定资产价值超过原有固定资产价值 3 倍以上的建设项目。

（2）扩建项目。扩建项目是指原有建设单位为了扩大原有系统的生产能力或效益，或新增生产能力，在原有固定资产的基础上兴建一些主要设施或其他固定资产。

（3）改建项目。改建项目是指原有建设单位为了提高生产效率，改进产品质量或改进产品方向，对原有设备、工艺流程进行技术改造的项目。另外，为提高综合生产能力，增加一些附属和辅助设施或非生产性工程，也属于改建项目。

（4）恢复项目。恢复项目是指对因重大自然灾害或战争而遭受破坏的固定资产，按原有规模重新建设或在恢复的同时进行扩建的工程项目。

（5）迁建项目。迁建项目是指由于各种原因迁到其他地方建设的项目，不论其是否维持原有规模，均称为迁建项目。

2. 按过程阶段分类

建设工程项目按过程阶段可以分为筹建项目、施工项目、投产项目、收尾项目以及停缓建项目等五类。

（1）筹建项目。筹建项目是指在计划年度内只做准备，尚未开工的项目。

（2）施工项目。施工项目是指正在施工的项目。

（3）投产项目。投产项目是指全部竣工，并已投产或交付使用的项目。

（4）收尾项目。收尾项目是指已经验收投产或交付使用，且已达到全部设计能力，但仍遗留少量收尾工程的项目。

（5）停缓建项目。停缓建项目是指经有关部门批准停止建设或近期内不再建设的项目，停缓建项目又分为全部停缓建项目和部分停缓建项目。

3. 按直接用途分类

建设工程项目按直接用途可以分为生产性建设项目与非生产性建设项目两类。

（1）生产性建设项目。生产性建设项目是指直接用于物质生产或满足物质生产需要的建设项目，主要包括工业、建筑业、农业、林业、水利、气象、运输、通信、商业或物资供应、地质资源勘探等建设项目。

（2）非生产性建设项目。非生产性建设项目一般是指用于满足人民物质文化生活需要的建设项目，主要包括住宅、文教卫生、科学实验研究、公共事业以及其他建设项目。

4. 按投资规模分类

建设工程项目按投资规模可分为大型、中型和小型项目三类，具体划分标准各行各业并不相同。一般情况下，生产单一产品的企业，按产品的设计生产能力来划分；生产多种产品的企业，按主要产品的设计生产能力来划分；难以按生产能力划分的，按其全部投资额来划分。

5. 按资金来源分类

建设工程项目按资金来源可以分为国家投资建设项目、银行信用筹资建设项目、自筹资金建设项目、引进外资建设项目与长期资金市场筹资建设项目五类。

（1）国家投资建设项目。国家投资建设项目又称为财政投资建设项目，是指国家预算直接安排投资的建设项目。

（2）银行信用筹资建设项目。银行信用筹资建设项目是指通过银行信用方式供应基本建设投资贷款建设的项目，其资金来源于银行自有资金、流通货币、各项存款和金融债券等。

（3）自筹资金建设项目。自筹资金建设项目是指各地区、各单位按照财政制度提留、管理和自行分配用于固定资产再生产的资金进行建设的项目，主要包括地方自筹、部门自筹、企业与事业单位自筹资金进行建设的项目。

（4）引进外资建设项目。引进外资建设项目是指利用外资进行建设的项目，外资的来源包括借用国外资金、吸引外国资本直接投资。

（5）长期资金市场筹资建设项目。长期资金市场筹资建设项目是指利用国家债券筹资和社会集资（股票、国内债券、国内合资经营、国内补偿贸易）投资的建设项目。

1.2.2　建设工程项目的划分

建设工程项目因受到多种因素的影响和约束，其组织、管理是一项较为复杂的经济活动，而大型建设工程项目通常是由多个部分组成的复杂综合体，其投资额巨大，建设周期长。为了更好地实施建设工程项目，确保投资效益，应对建设工程项目进行科学分解。

依照合理确定工程造价和建设工程项目管理的需要，按照组成内容的不同，可将建设工程项目从大到小划分为单项工程、单位工程、分部工程和分项工程等项目单元。

1. 单项工程

单项工程是指具有单独设计文件，建成后能够独立发挥生产能力或发挥效益的工程，它是建设工程项目的组成部分。单项工程具有独立存在的意义，通常其自身就是一个复杂的综合体，如新建医院中的门诊楼、住院楼、办公楼和食堂，均可视为一个单项工程。

信息通信工程项目一般按照不同的技术专业或通信系统可分解为若干单项工程，具体划分详见表 1.2。

表 1.2　信息通信工程单项工程项目划分

专业类别		单项工程名称	备注
电源设备安装工程		某电源设备安装工程	
有线通信设备安装工程	传输设备安装工程	某数字复用设备及光、电设备安装工程	
	交换设备安装工程	某通信交换设备安装工程	
	数据通信设备安装工程	某数据通信设备安装工程	
	视频监控设备安装工程	某视频监控设备安装工程	
无线通信设备安装工程	微波通信设备安装工程	某微波通信设备安装工程	
	卫星通信设备安装工程	某卫星通信设备安装工程	
	移动通信设备安装工程	（1）某移动控制中心设备安装工程； （2）某基站设备安装工程； （3）某分布系统设备安装工程	
	铁塔安装工程	某铁塔安装工程	

续表

专业类别	单项工程名称	备注
通信线路工程	（1）某光（电）缆线路工程； （2）某水底光（电）缆工程； （3）某用户线路工程； （4）某综合布线系统工程； （5）某光纤到户工程	进局及中继光（电）缆工程可按每个城市作为一个单项工程
通信管道工程	某路（某段）、某小区通信管道工程	

为方便项目管理，单项工程可进一步划分为若干单位工程。

2．单位工程

单位工程是指具有独立的设计文件，可以独立组织施工，但建成后不能独立形成生产能力和发挥效益的工程，它是单项工程的组成部分。单项工程可按不同的专业性质及作用分解为若干个单位工程。例如，某光缆线路单项工程可以按不同的地理区域划分为若干单位工程，或按管道、直埋、架空等不同的敷设方式划分为若干单位工程。单位工程可进一步划分为若干分部工程。

3．分部工程

按照不同的设备、材料、工种、结构或施工次序，可将一个单位工程分解为若干个分部工程。例如，某架空光缆线路单位工程可划分为线路施工测量、光缆敷设、光缆接续与测试等分部工程。分部工程还可以进一步划分为若干分项工程。

4．分项工程

按照不同的施工方法、施工材料、工作内容，可将一个分部工程分解为若干个分项工程。分项工程是建设工程项目组成部分中最基本的构成单元，它没有独立存在的意义，只用于编制建设项目概（预）算。例如，《信息通信建设工程预算定额 第四册 通信线路工程》（工信部通信〔2016〕451 号）中的 TXL3-187 子项，挂钩法架设架空光缆（36 芯以下）即属于分项工程。

1.3　建设工程基本建设程序与投资

1.3.1　建设工程基本建设程序

建设工程基本建设程序是指从策划、评估、决策、设计、施工到竣工验收、投产或交付使用的整个建设过程中，各项工作必须遵循的先后顺序。基本建设程序既是建设工程客观规律的真实反映，也是建设工程项目管理经验总结的高度概括，反映了建设工程各个阶段之间的内在联系，为建设项目科学决策和顺利推进提供了重要依据。因此，在建设工程中，各参与方均应严格遵循基本建设程序。

建设工程基本建设程序一般分为立项、实施以及验收投产 3 个阶段，共历经项目建议书、可行性研究、初步设计、年度计划、施工准备、施工图设计、施工招投标、开工报告、施工、初步验收、试运行、竣工验收以及项目后评价等 13 个环节。各个阶段与相应环节之间的对应关系以及前后顺序不可任意调整、随意颠倒，否则会导致项目管理工作出现重大失误，造成投资的重大损失。

在我国，大中型以上的建设项目都要经过上述基本建设程序的 3 个阶段与 13 个环节，虽然信息通信工程建设项目的投资管理、建设规模等与其他专业建设项目有所不同，但其基本建设程序相同，具体详见图 1.4。

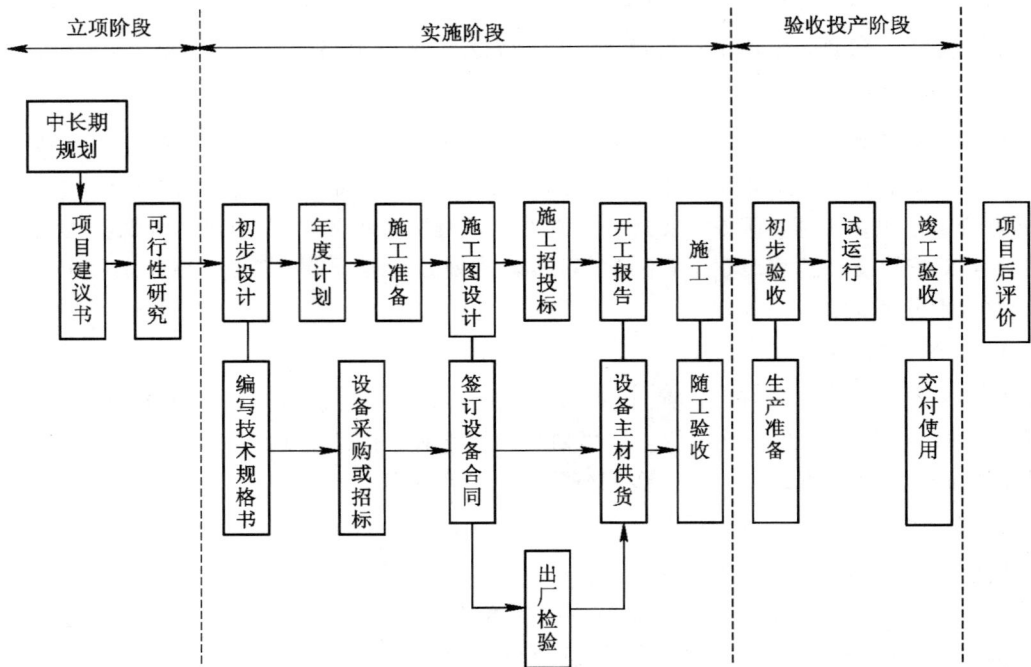

图 1.4　建设工程基本建设程序

1. 立项阶段

1）项目建议书

项目建议书是指由业主方（即建设单位）根据国民经济发展、国家和地方中长期规划、产业政策、生产力布局、国内外市场、所在地的内外部条件，就某一具体新建、扩建项目提出的项目建议文件，是对拟建项目提出的框架性总体设想。它要从宏观上论述项目设立的必要性和可能性，把项目投资的设想变为概略的投资建议。项目建议书是由建设单位向其主管部门上报的文件，广泛应用于项目的国家立项审批工作中。项目建议书的核心任务是论证建设必要性，对建设项目提出比较粗略的建设方案和投资估算，投资估算的偏差一般控制在 ±30% 以内。

项目建议书的主要内容应该包括项目建设的必要性和依据，项目实施的技术基础，最终产品市场资源，初步分析建设基础条件及优势、劣势等，建设规模、项目实施地点及技术方案的初步设想，投资估算及资金筹措手段，对环境的保护、对资源的综合利用和节能手段，财务、经济分析及主要指标的计算等。

项目建议书的批准即标志着建设项目的立项，随后应进行建设项目的可行性研究。

2）可行性研究

可行性研究是指依据项目建议书，在方案查勘的基础上，通过市场分析、技术分析、财务分析和国民经济分析，对建设项目的技术可行性与经济合理性进行的综合评价。可行性研究的基本任务，是对新建或改建项目的主要问题，从技术经济角度进行全面的分析研究，并对其投产后的经济效果进行预测，在既定的范围内进行方案论证的选择，以便最合理地利用资源，达到预定的社会效益和经济效益，最终形成的成果为可行性研究报告。技术上的先进性和适用性，经济上的营利性和合理性，建设方案的可能性和可行性是可行性研究的重点考察内容。可行性研究通常是由建设项目的投资方或上级主管部门委托勘察设计、工程咨询方按相关规定进行的研究。可行性研究阶段的投资估算偏差应当控制在 ±10% 以内。

2. 实施阶段

1）初步设计

设计文件是建设项目施工的主要依据之一，应由建设单位或主管部门委托具有相关资质的设计单位进行编制。一般情况下，建设项目均按初步设计和施工图设计两个阶段进行设计。但技术过于复杂或缺乏相关经验的项目，也可按初步设计、技术设计和施工图设计三个阶段进行设计，对于投资规模不大或有成熟实施经验的项目，亦可按施工图设计一个阶段进行设计。

依据批准的可行性研究报告，结合有关设计标准、规范，通过对项目实施现场进行设计查勘，方可编制初步设计文件。初步设计的主要任务是选定项目的建设方案，进行设备选型，编制设计概算。其中，主要设计方案和重大技术措施等应进行多方案比选论证，通过技术、经济分析选定最终实施方案，在初步设计文件中应阐明落选方案的简要情况以及采用方案的选定理由。初步设计文件与设计概算应按其规模和规定的程序进行审核，批准后方可作为施工图设计的依据。

对于技术复杂项目的初步设计可通过技术设计进一步深化，明确所采用的工艺流程、技术细节、建筑和结构的重大技术问题，设备的选型和数量，最终编制形成修正概算。

2）年度计划

年度计划是依据批准的初步设计文件以及建设项目总进度计划进行编制的，在满足总进度计划要求的同时，需与当年可获得的资金、设备、材料、施工力量相适应。年度计划包括基本建设拨款计划、设备和主材（采购）储备贷款计划、工期组织配合计划等，是进行工程建设拨款或筹资、资源分配和设备保障的主要依据。

3）施工准备

建设单位应根据建设项目或单项工程的技术特点，适时组成机构，做好施工准备的四项基本工作。

（1）制定项目管理制度，落实项目管理人员；

（2）汇总设备采购清单，规范主要设备和材料的技术规格；

（3）明确各类物资的供货渠道；

（4）准备施工现场，完成征地、拆迁、"三通一平"（水、电、路通和平整土地）等前期工作。

4）施工图设计

依据批准的初步设计文件和主要设备订货合同编制施工图设计文件，绘制施工图纸。施工图设计文件应包括设计说明、图纸和施工图预算，明确房屋、建筑物、设备的结构尺寸，安装设备的配置关系、布线和施工工艺，提供设备、材料明细表，逐项汇总并编制施工图预算。

5）施工招投标

建设单位通过施工招标将建设工程发包，通过招投标鼓励施工企业相互竞争，从中评定选出技术和管理水平高、信誉可靠且报价合理的施工企业签订承包合同。施工招标环节对于确保工程质量和工期具有重要意义，有利于择优选择施工企业。

6）开工报告

经施工招标，签订承包合同后，建设单位在落实了年度资金拨款、设备和主材的供货及工程管理组织后，建设项目于开工前一个月，由建设单位会同施工单位向主管部门提出开工报告，待审计部门对项目的有关费用计取标准及筹资渠道进行审查后，主管部门批准开工报告并正式开工。实行监理的建设项目应在计划开工日前七天由总监理工程师签发开工令。

7）施工

施工是指施工单位依据施工承包合同、施工图设计文件的规定要求，按照批准的施工组织设计确定实施方案，将建设项目由设计图纸变成建筑物、构筑物等固定资产的过程。施工过程必须严格按照施工图纸、施工验收规范、施工实施顺序组织施工以确保工程质量，各类施工企业和人员应当持有与所承建工程类别一致的相关资质证书。

施工过程中，隐蔽工程完成后应由建设单位委派工地代表或监理人员进行随工验收，并签署隐蔽工程验收单，验收合格后方可进行下一道工序。

3. 验收投产阶段

1）初步验收

单项工程完工后应通过初步验收来检验单项工程各项技术指标与设计要求的相符程度。施工单位在完成承包合同工程量后，按合同条款要求向建设单位提交完工报告，并申请项目初步验收，建设单位或由其委托监理公司组织设计、施工、维护、档案及质量监督等部门参加项目初步验收。

限定规模以上的新建、扩建、改建和属于基本建设性质的技术改造项目，在完成施工调测之后均应进行初步验收。初步验收时间应安排在原计划工期内，具体包括检查质量、审查资料、效益分析等工作，针对发现的问题提出相应的处理意见，并要求相关责任单位予以解决。

2）试运转

初步验收通过后由建设单位组织供货、设计、施工和维护等单位和部门进行试运转。通过试运转对系统的性能、功能，设备各项技术指标以及工程质量等进行全面检验。试运转过程中如发现问题，应由具体责任单位负责处理。试运转通过后，一般由建设单位即可着手准备组织竣工验收工作。

3）竣工验收

竣工验收既是建设工程基本建设程序的最后一个环节，也是对建设成果的全面考核。按照批准的施工图设计文件完成所有建设内容，且通过初步验收和试运行后便可组织竣工验收，重点检验设计和工程质量是否符合合同约定，核查投资是否合理等。竣工验收合格后，施工单位与建设单位可办理工程移交和工程结算手续，并交付使用。

4. 项目后评价

项目后评价是指建设项目交付使用后，对立项、实施以及验收投产 3 个阶段的 12 个环节进行全过程、系统性评价的一项技术经济活动。项目后评价是固定资产投资管理的重要组成内容，利于总结经验、肯定成绩、研究问题、提出建议、改进工作、不断提高后续项目的决策能力，益于最终达成投资目的。

1.3.2　建设工程多次计价与投资目标动态控制

1. 多次计价

在建设程序分阶段实施过程中，建设周期、规模、造价的特点会对投资目标产生不同的影响，因此，在不同阶段随着影响工程造价的各种因素被逐步确定，要适时对工程造价进行调整，以确保对投资目标控制的科学性。多次计价就是逐步深入、层层细化和最终趋近于实际造价的过程，建设工程多次计价的过程如图 1.5 所示。

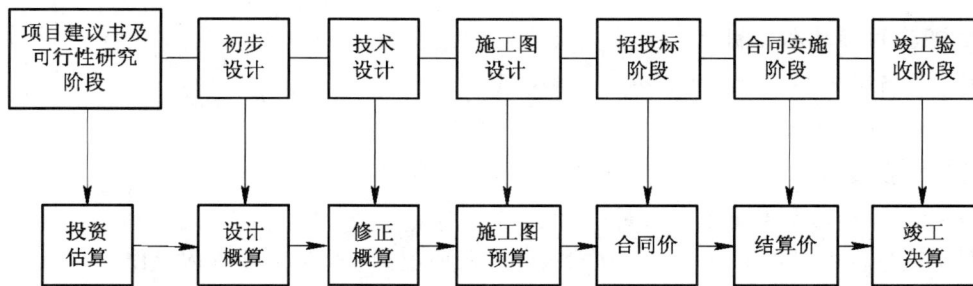

图 1.5　多次计价过程

1）投资估算

在项目建议书或可行性研究阶段，通过编制投资估算以确定拟建项目的总投资，投资估算是建设工程项目决策、筹资和控制工程造价的主要依据。

2）设计概算

在初步设计阶段，根据建设工程项目设计意图，通过编制设计概算，对工程造价进行细化与核算。设计概算相比投资估算更为精准，且受投资估算的控制。设计概算分为建设项目总概算、单项工程概算以及单位工程概算等，具有突出的层次性、组合性。

3）修正概算

在三阶段设计的技术设计阶段，根据技术设计提出的具体要求，通过编制修正概算，在设计概算的基础上进一步细化、核算工程造价，并对设计概算进行必要的修正和调整。

修正概算比设计概算更为精准，且受设计概算的控制。

4）施工图预算

在施工图设计阶段，根据设计文件与施工图纸，通过编制施工图预算，在设计概算（或修正概算）的基础上进一步细化、校准、核实工程造价。施工图预算比设计概算（或修正概算）更为精准，且受设计概算（或修正概算）的控制。

5）合同价

在工程招投标阶段，发承包双方签订的承包合同、采购合同以及技术咨询服务合同中的价格即为合同价。合同价是由发承包双方根据市场行情共同议定和认可的成交价格，具有市场价格的性质，但建设工程项目最终的工程造价还受其他诸多因素影响，所以合同价仅为合同实施的目标价，与实际工程造价并不相等。通过招投标方式确定的合同价，是项目成本管理的基准。

6）结算价

在合同实施阶段，依据合同约定（如工程量清单、单价以及变更条款等），结合工程实际完成情况，发承包双方最终确认的支付价款。

7）竣工决算

在竣工验收阶段，通过编制竣工决算，确定建设工程项目的最终工程造价。竣工决算应清楚和准确，能够客观反映建设工程项目的实际造价和投资效果。

综上所述，如图 1.5 所示的多次计价是一个逐步由粗到细、由浅及深的复杂过程，是建设工程项目管理的重要工作任务，在多次计价过程中应运用动态控制的方法对投资目标实施控制。

2. 投资目标动态控制

投资目标的动态控制，主要分为三个步骤。

1）投资目标的逐层分解

基于对投资目标实现可能性的分析和论证，逐层分解投资目标。

2）投资目标的动态跟踪与控制

在实施过程中对投资目标进行动态跟踪和阶段控制，包括两项具体工作。

（1）根据项目投资规划等相关文件要求，实时收集项目投资实际值。

（2）定期将投资目标分解的计划值与收集到的实际值进行比较。

定期比较的时间周期应由建设工程项目的规模和特点确定，常规项目一般为 1 个月。建设工程项目的投资目标控制分为设计阶段的投资控制和施工阶段的投资控制，其中设计阶段的投资控制尤为重要。

设计阶段投资目标的计划值和实际值的比较包括设计概算与投资估算的比较、施工图预算与设计概算的比较。而施工阶段投资目标的计划值和实际值的比较包括合同价与设计概算的比较、合同价与施工图预算的比较、工程结算价与设计概算的比较、结算价与施工图预算的比较、结算价与合同价的比较以及竣工决算与设计概算、施工图预算、合同价的比较。

若在投资项目计划值和实际值的比较中发现偏差，应及时采取合理的纠偏措施进行干预，例如调整投资控制的方法和手段、制定相应的激励措施、变更或修改设计和施工组织等。

3）投资目标调整

若通过对比发现原定的投资目标不合理或在现有条件下已经无法实现原定的投资目标时，则必须对投资目标进行适当的调整。

本 章 小 结

建设工程项目管理是工程建设的重要组成部分，它不仅承担着优化资源配置、提高项目质效的任务，而且通过动态控制和科学决策为项目的成功实施提供理论依据。从管理角度看，建设工程项目管理有助于提升整体管理水平，确保项目按时保质完成；从技术层面来看，其提供了系统化的管理方法和技术工具；从经济角度来看，其能够有效降低成本并优化投资方案。

本章主要介绍了建设工程项目管理的基本概念及目标任务，阐述了建设工程项目的分类方法与具体划分，强调了建设工程的基本建设程序。通过本章的学习，可以深入理解建设工程项目管理的重要意义，学会将工程实际问题转化为系统解决方案，提升工程管理思维。在学习过程中需同步关注科技进步与管理创新，培养数据分析能力及决策支持工具的运用能力，方能胜任数字化时代的建设工程项目管理工作。

思 考 题

1. 结合工程实际，说明建设工程项目管理的主要任务有哪些。
2. 简述扩建项目与改建项目的区别。
3. 举例说明工程项目分类中的单项工程和单位工程的区别是什么。
4. 建设工程项目的基本建设程序有哪些关键步骤？
5. 简述建设工程多次计价的过程。
6. 简述投资目标动态控制的主要步骤。
7. 在实际工程中，施工图预算能否突破设计概算？如若突破该如何处置？
8. 项目建议书、可行性研究报告、技术规格书、招标文件分别在建设工程项目的什么阶段由什么人编制？
9. 请借助 DeepSeek 工具，简述计算机辅助手段在建设工程项目目标动态控制工作程序中的应用。
10. 作为一名合格的建设工程项目管理人员，需要具备哪些基本素质与能力？

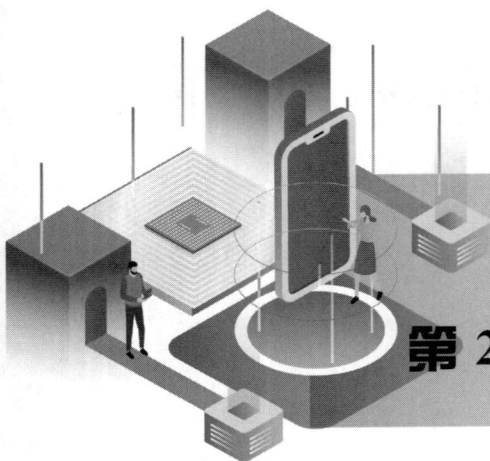

第 2 章　信息通信工程设计

信息通信工程设计为信息通信系统建设绘制"蓝图"，是信息通信系统建设的"灵魂"，其意义不仅在于技术方案的实现，更在于通过科学规划与创新设计，推动信息通信网络的高效运行、资源节约和社会价值最大化。在数字化时代，优秀的信息通信工程设计是构建信息通信基础设施的核心支撑。本章将介绍信息通信工程设计的相关概念、工程设计文件编制、工程设计勘测、概算与预算、设计与技术管理等内容。

2.1　信息通信工程设计概述

2.1.1　信息通信工程设计的概念及意义

1. 概念

信息通信工程设计是指基于信息传输需求，对信息通信系统进行技术路线规划、设备材料选型、网络架构设计、实施方案制定以及工程造价核算的过程。信息通信工程设计旨在实现数据、语音、图像等信息的可靠传递，并满足服务质量、容量需求、覆盖范围等要求。

信息通信工程设计是构建现代信息社会的基础性工作，其核心是通过系统化的技术合理性与经济合理性论证，确保信息传递的高效性、可靠性和可持续性。

2. 意义

信息通信工程设计是专业技术与工程实践的结合，其价值不仅在于构建物理网络，更在于为信息社会的数字化转型提供底层支撑，其重要意义集中体现于下述五个方面。

（1）社会信息化基石。信息通信工程设计可强力推进互联网、移动通信、物联网的普及，推动远程教育、智慧医疗等民生服务。例如，5G 通信技术的低时延特性助力自动驾驶和远程手术实现。

（2）经济驱动的引擎。信息通信工程设计可科学规划数字经济的"高速公路"——信息通信网络，驱动设备制造、软件开发等产业链发展。

（3）技术创新的载体。信息通信工程设计可有效整合人工智能（Artificial Intelligence，

AI)、大数据分析等工具，促进跨学科融合，推动核心技术突破。例如，毫米波通信、量子加密传输等前沿领域。

（4）国家安全的保障。信息通信工程设计可有力保障国家信息通信安全，自主可控的通信网络设计(如 6G 通信技术)可避免关键基础设施建设受制于人，抗灾应急通信系统的设计可提升社会韧性(如卫星备份链路)。

（5）可持续发展支撑。信息通信工程设计可合理利用绿色设计(如节能基站、智能休眠技术)技术，降低碳排放，支持可持续发展。例如，华为的 PowerStar 三界节能解决方案可节省 15％～20％的无线网络能耗。

2.1.2　信息通信工程设计流程

信息通信工程设计是一个不断细化优化、不断完善调整的过程，只有严格遵循科学合理的流程，进行分阶段、渐进式的设计，才能确保信息通信工程建设项目的技术合理性与经济合理性。狭义上的设计阶段一般是指两阶段设计的初步设计和施工图设计，或三阶段设计的初步设计、技术设计和施工图设计；而广义上的设计可以将建设工程基本建设程序中立项阶段的可行性研究包括进来，正如《建设工程项目管理规范》(GB/T 50326－2017)中规定"项目设计阶段划分是依据建设行业的基本规律确定的。其中项目方案设计阶段也称为设计准备(项目可行性研究)阶段，初步设计与施工图设计可称为工程设计与计划阶段"。因此，根据信息通信工程建设特点与我国的实际情况，其设计从准备到实施的具体流程如图 2.1 所示。

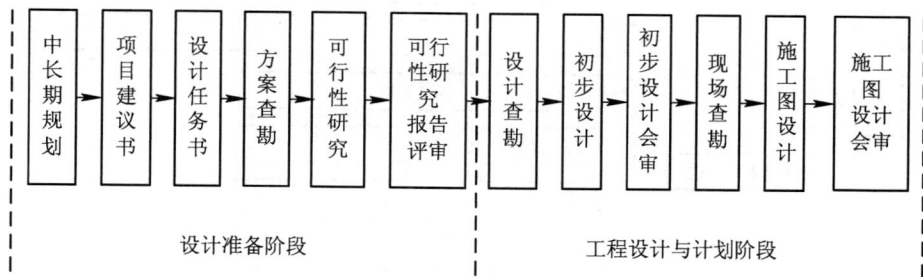

图 2.1　信息通信工程设计流程

在设计准备阶段，建设单位(业主方)依据其中长期规划(中期为 3～5 年、长期为 5～10 年)编制项目建议书，经上级主管部门批准后可视为项目立项；项目立项后，由建设单位或委托的专业咨询机构编制设计任务书，用于明确项目的设计目标、技术要求、功能需求、实施范围和约束条件等，以作为设计方开展具体设计工作的纲领性文件；依据设计任务书以及方案查勘资料，由委托的专业咨询机构(设计方)编制可行性研究报告，并组织业内专家进行评审，至此完成信息通信工程设计的准备工作。在工程设计与计划阶段，由委托的专业咨询机构(设计方)依据批准的可行性研究报告以及设计查勘资料进行初步设计(包含技术规格书的编制)，并组织业内专家进行初步设计会审和报批；依据批准的初步设计文件以及现场测量资料进行施工图设计，并组织业内专家进行施工图设计会审和报批，经评审的施工图设计文件可作为下一步实施(施工)的指导性文件。至此，信息通信工程设计的全部流程完结。

在 1.3.1 节中，已从建设工程项目管理的角度简要介绍了可行性研究、初步设计以及施工图设计，下节将详尽阐述各设计环节中工程设计文件的构成、编制要求、编制内容与各单项工程的建设方案。

2.2　工程设计文件编制

2.2.1　工程设计文件构成

依据《通信工程设计文件编制规定》(YD/T 5211—2014)，工程设计文件的具体构成如下所述。

(1) 设计文件通常包括总册、单项工程设计册、单位工程设计分册等，设计文件区分一般工程和较小工程分类编册，编册组成如图 2.2 所示。

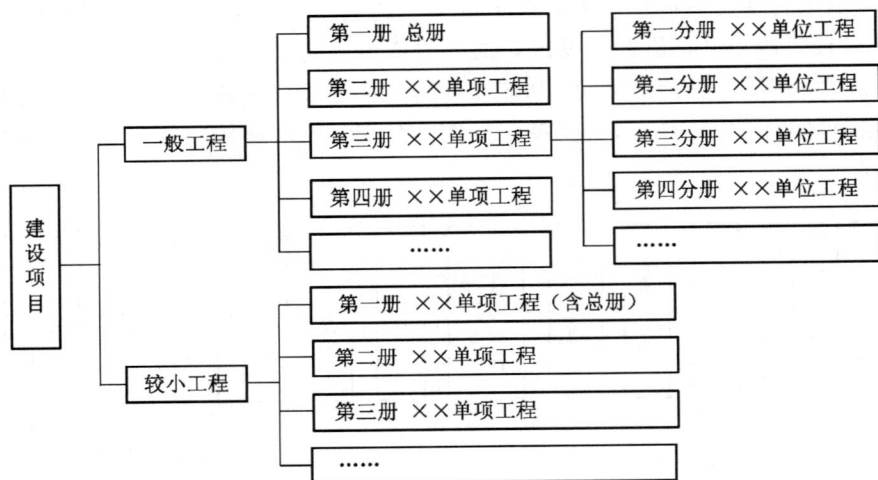

图 2.2　设计文件编册组成形式

(2) 初步设计文件、一阶段设计文件一般按照单项工程编制，多个单项工程的设计文件应编制总册。当单项工程数量较少时，可在主要专业设计中编制总册内容；当多个单项工程设计内容较少时可合册编制。

(3) 施工图设计可以按照单项工程或单位工程进行编制。按照单位工程编制的设计文件，必要时可编制单项工程总册。

(4) 设计文件一般应由封面、扉页、设计资质证书、设计文件分发表、目次、正文、封底等组成。其中，正文应包括设计说明、概(预)算、图纸等内容，必要时可增加附表(建议采用表格形式直观呈现工程量统计、各阶段工程量变化等)。

(5) 按照工程管理、施工、设备器材采购的实际需要，设计文件可按照全套文件、全套概(预)算、全套器材概(预)算表、图纸及说明等内容单独出版。

2.2.2　工程设计文件编制要求

依据《通信工程设计文件编制规定》（YD/T 5211－2014），初步设计文件与施工图设计文件的基本编制要求如下所述。

（1）设计文件一般按初步设计和施工图设计两阶段编制，规模较小、技术成熟或套用标准设计的可编制一阶段设计（即施工图设计）；一阶段设计内容应完整且可达到相应设计深度，并按规定编制工程预算。

（2）工程设计中凡依据国家或行业强制性标准的，应在设计依据中明确强制性标准的文号及其名称。

（3）凡涉及节能、环保、劳动保护、共建共享的工程应增加相关内容。

（4）初步设计、一阶段设计文件的总册应简述方案比选、总体方案、建设总规模及总投资、投资分析等方面的结论；总册内容应包含总体说明（包括设计依据、设计文件组成、总体方案、总的规模容量及需要进行总体说明的内容概要等）、总投资额（包括概算或预算汇总表等）、设计总图（包括总体方案图、平面图、系统图、结构图、路由图、网络图等）；多个设计单位的设计总册由主体设计单位负责编制 。

（5）概（预）算编制应包含概（预）算编制说明及概（预）算表格，概（预）算的编制应执行现行《信息通信建设工程费用定额 信息通信建设工程概预算编制规程》以及《信息通信建设工程预算定额》（工信部通信〔2016〕451 号）的规定。

2.2.3　工程设计文件编制内容

1. 可行性研究报告

不同行业的可行性研究所涉及的具体内容会有所差别，信息通信工程建设项目的可行性研究报告应当包括下述主要内容。

（1）总论：包括项目背景，建设的必要性和投资效益，可行性研究的依据及简要结论等。

（2）需求预测与拟建规模：包括业务流量、流向预测，通信设施现状，从国家战略、国防等需要出发对信息通信提出的特殊要求，拟建项目的范围及规模等。

（3）建设与技术方案论证：包括组网方案，传输线路建设方案，局站建设方案，通路组织方案，设备选型方案，原有设施利旧和技术改造方案以及应当执行的主要建设标准等。

（4）建设可行性条件：包括资金来源，设备采购，建设与安装条件，外部合作条件以及环境保护与节能的相关要求等。

（5）配套及协调建设项目的建议：包括进城通信管道，机房土建，市电引入，机房环境以及配套工程的要求等。

（6）建设进度安排的建议。

（7）维护组织、劳动定员与人员培训。

（8）主要工程量与投资估算：包括主要工程量，投资估算，配套工程投资估算，单位造价指标分析等。

（9）经济评价。包括财务评价和经济评价。财务评价应从信息通信行业的角度，通过财务内部收益率和静态投资回收期等主要财务评价指标的计算来考察项目在财务方面的可行性；经济评价应从国家角度通过经济内部收益率等主要经济评价指标的计算，考察项目对整个国民经济的净效益，论证建设项目在经济上的合理性。当财务评价和经济评价的结论不一致时，建设项目的经济可行性应根据实际情况确定，但主要还是取决于经济评价的结论。

（10）需要说明的问题。

2. 初步设计文件

初步设计文件应根据批准的可行性研究报告和设计委托，以及设计勘察所取得的基础资料进行编制。初步设计文件的主要内容应包括工程概述、业务需求、建设方案、设备配置及选型、局站建设条件和工艺要求、设备安装基本要求、防雷与接地、抗震加固、安全与防火要求、运行维护、培训与仪表配置、工程进度安排、其他要求、概算、图纸等内容。

1）工程概述

工程概述应包含工程概况、设计依据、设计范围及分工、设计文件编册、建设规模及主要工程量、初步设计与可行性研究报告的变化等。

（1）工程概况应明确工程名称、建设背景、建设目的、建设内容、设计阶段划分、工程概算等情况。

（2）设计依据主要包括可行性研究报告、可行性研究报告的批复、建设单位设计任务委托书、国家标准、国家相关技术体制、设计规范和行业标准、工程勘察和收集的资料等。作为设计依据的相关文件，应列出发文单位、文号及文件名称。

（3）设计范围及分工应说明设计内容和设计范围，根据实际情况明确各专业间的分工界面及与建设单位和设备、器材供应商之间的分工界面。如果设计由多家设计单位共同承担，应说明各设计单位之间的分工。

（4）设计文件编册应说明全套设计文件组成情况，并说明本册设计的编册及名称。

（5）建设规模及主要工程量应简述工程总体方案结论、建设规模和主要工程量。可按工程专业类别进行描述：通信设备安装工程按照专业、设备类型等进行分项说明；通信线路工程按照敷设方式、光缆芯数等分类说明；通信管道工程按照建设方式、管材类型及管孔数量等分类说明。

（6）初步设计与可行性研究报告的变化应阐明初步设计与经批准的可行性研究报告规模、投资的变化情况，并着重说明发生变化的内容及原因。

2）业务需求

业务需求应说明业务预测方法及预测结果、工程满足期限。

3）建设方案

建设方案应包括下述内容。

（1）分析工程相关资源现状、资源利用情况、存在的问题，并简述相关网络以及所需配套系统的情况。

（2）说明工程建设原则、建设目标和建设思路。

（3）详细说明为满足业务需求和建设目标，根据建设原则制定的建设方案、技术指标及参数、形成的生产能力、相关建设需求。建设方案在可行性研究报告的基础上应进一步深化细化，充分利用现有资源，并进行方案比选。信息通信专业单项工程建设方案的主要内容详见表 2.1。

4）设备配置及选型

设备配置及选型应包括工程拟购置的主要通信设备、器材的技术要求（含抗震要求）、配置要求及选型原则，具体内容如下所述。

（1）通信设备安装工程应包括设备功能、性能、接口种类及数量等。

（2）通信光缆工程应包括光缆类型、芯数、规格、技术参数、光纤类型、配套材料等。

（3）通信管道工程应包括管孔数量、规格及材料等。

5）局站建设条件和工艺要求

局站建设条件及工艺要求应根据工程内容提出，具体内容如下所述。

（1）通信局站建设的选址要求。

（2）机房的工艺要求，包括室内净空高度、地面等效均布活荷载、机房环境要求及消防等要求。

（3）对直流或交流供电系统的技术要求和负荷需求。

（4）防雷与接地系统要求，包括接地方式、接地电阻等。

（5）对铁塔的工艺要求，包括平台、高度、负载等要求。

（6）对楼顶天线增高架的工艺要求，包括高度、负载等要求。

（7）对进线室的工艺要求，包括净高、净宽等。

（8）对其他配套系统建设的要求。

6）设备安装基本要求

通信设备、线路、管道等工程的基本安装要求如下所述。

（1）设备工程对机房平面布置、安装方式、抗震加固的要求。

（2）线路工程应依据《通信线路工程验收规范》（GB 51171—2016）、《通信线路工程设计规范》（GB 51158—2015）、《通信线路工程设计规范》（GB 51158—2015）以及《通信线路工程验收规范》（YD 5121—2010）等标准规范，对架空、直埋及管道光电缆的敷设提出具体要求。

（3）管道工程应依据《通信管道与通道工程设计标准》（GB 50373—2019）、《通信管道工程施工及验收标准》（GB/T 50374—2018）、《通信管道与通道工程设计规范》（YD 5007—2003）、《通信管道工程施工及验收技术规范》（YD 5103—2003）以及《通信管道人孔和手孔图集》（YD 5178—2017）等标准规范，对管道开挖和穿越、管道基础、管道敷设、覆土等提出具体要求等。

7）防雷与接地

防雷与接地应依据《建筑物防雷设计规范》（GB 50057—2010）、《系统接地的型式及安全技术要求》（GB 14050—2008）、《通信局（站）防雷与接地工程设计规范》（GB 50689—2011）、《通信局（站）防雷与接地工程验收规范》（GB 51120—2015）以及《交流电气装置的接地设计规范》（GB/T 50065—2011）等标准规范提出具体要求如下。

（1）防雷系统设计应包含防雷等级确定、接闪器设计、引下线设计以及侧击雷防护等。

（2）接地系统设计应包含接地类型与要求、接地装置设计、等电位联结等内容。

8）抗震加固

抗震加固应根据《通信建筑抗震设防分类标准》（YD/T 5054—2019）、《电信设备安装抗震设计规范》（YD 5059—2005）和《通信设备安装工程抗震设计标准》（GB 51369—2019）等标准规范提出具体要求如下。

（1）通用设备的抗震加固要求，如基站设备、传输设备以及通信电源设备。

（2）特殊设备的抗震加固要求，如天线与微波设备、列架设备。

（3）管线与附属设施的抗震加固要求，如管线、铁架与管道等。

9）安全与防火要求

安全与防火应根据《建筑设计防火规范（2018 年版）》（GB 50016—2014）、《建筑内部装修设计防火规范》（GB 50222—2017）、《通信建筑工程设计规范》（YD 5003—2014）、《通信机房防火封堵安全技术要求》（YD/T 2199—2010）以及《信息通信建筑电气防火技术规程》（T/CAICI 82—2024）等标准规范，提出对工程所采用的设备、材料的节能、环保、消防、安全的具体要求。

10）运行维护

根据工程专业特点，对运行、维护、管理提出要求。

11）培训与仪表配置

培训与仪表配置应对生产管理人员定额、工程人员技术培训以及维护仪表配备等提出要求。

12）工程进度安排

工程进度安排应简述设计批复、工程采购，设备到货、施工图设计、设备安装、设备调测、初验、试运行、竣工验收等阶段安排。

13）其他要求

（1）需共建共享的建设项目，应根据国家、行业相关规定及技术标准提出建设方案，并符合国家及行业的相关现行的规范和标准。

（2）对于特殊地区、特殊工程应增加劳动保护要求。

14）概算

工程概算由概算编制说明和概算表组成，概算编制说明应包含以下内容。

（1）概算编制依据应列出依据的相关文件，包括国家相关规范、概（预）算编制和费用定额的相关文件、建设单位的相关规定等。作为编制依据的相关文件，应列出发文单位、文号及文件名称。

（2）概算取费说明应对有关费用项目、定额、费率及价格的取定和计算方法进行说明。

（3）概算投资及技术经济指标分析应说明工程概算总额，分析各项费用的比例和费用构成，分析概算与可行性研究报告批复投资估算对比情况。若概算总投资突破可行性研究报告批复投资或差异较大时，应申述理由。共建共享工程还应说明投资分摊等情况。

15）图纸

图纸应包含反映工程建设总体方案的图纸，具体包括通信设备安装工程图纸、通信线路工程图纸以及通信管道工程图纸。

（1）通信设备安装工程图纸应包括网络组织、系统构成和设备平面布置等图纸。

（2）通信线路工程图纸应包括相关路由图及敷设方式图等。

（3）通信管道工程图纸应包括相关路由图等。

3. 施工图设计文件

施工图设计应根据批准的初步设计或设计委托，以及设计勘察所取得的基础资料进行编制。施工图设计内容主要包括工程概述、网络资源现状及分析、建设方案、设备与器材配置、工程实施要求、施工注意事项、验收指标及要求、运行维护、培训与仪表配置、预算编制、图纸等内容。

1）工程概述

工程概述应包含工程概况、设计依据、设计范围及分工、设计文件编册、建设规模及主要工程量、施工图设计与初步设计的变化等。

（1）工程概况应明确工程名称、建设内容、设计阶段划分、预算投资等情况。

（2）设计依据主要包括初步设计、初步设计批复、设计任务委托书、国家标准、国家相关技术体制、设计规范和行业标准、工程勘察和收集的资料、设备供货合同等。作为设计依据的相关文件应列出发文单位、文号及文件名称。

（3）设计范围及分工应说明工程设计内容和设计范围，根据实际情况明确各专业间的分工界面、与建设单位和设备供应商之间的分工界面，如果设计由多家设计单位共同承担，应说明各设计单位之间的分工。

（4）设计文件编册应说明全套设计文件的组成情况，并说明本册设计的编册及名称。

（5）工程建设规模及主要工程量应说明工程建设规模、主要安装工程量，其中包括设备及材料。

（6）施工图设计与初步设计的变化应阐明施工图设计与经批准的初步设计规模、概算的变化情况，并着重说明发生变化的内容及原因。

2）网络资源现状及分析

网络资源现状及分析应剖析工程相关网络（系统）资源现状、资源利用情况、存在的问题，并简述初步设计批复的方案。如现场测量有变化或方案有调整，应做进一步的说明。

3）建设方案

施工图设计的建设方案与初步设计在内容上一致，而在设计深度上更为细化，可作为指导下一步实施的依据。信息通信专业单项工程建设方案的主要内容详见表2.1。

4）设备与器材配置

设备与器材配置应说明工程主要通信设备、器材配置情况，包括工程采用设备、器材的型号、数量、功能及其性能指标。

5）工程实施要求

工程实施要求主要对通信设备工程实施、通信线路工程实施提出具体要求。

（1）通信设备工程实施要求应包括以下内容：

① 机房布局及设备排列、各种缆线走线方式和路由，以及设备安装、缆线布放的工艺要求；

② 走线架的工艺要求，包括室内外走线架；

③ 电源引接的要求和具体措施；

④ 抗震加固要求及具体措施；

⑤ 防雷与接地要求及具体实施措施。

（2）通信线路工程实施要求应包括以下内容：

① 线路敷设定位方案的说明，标明施工要求，例如埋深、保护段落及措施等；

② 线路穿越各种障碍的施工要求及具体措施；

③ 对特殊地段复杂地质情况的施工方法说明；

④ 光（电）缆线路的防护措施说明，包括防雷、防强电等。

（3）通信管道工程实施要求应包括以下内容：

① 管道、人孔、手孔、缆线引上管等的具体定位位置、建筑材料及建筑程式；

② 管道施工实施要求以及人孔、手孔结构及内孔的要求；

③ 对有其他地下管线或障碍物的地段，提出物探等处理要求。

6）施工注意事项

施工注意事项应对人身安全、设备安全、通信安全、环境保护、防火等提出要求。

7）验收指标及要求

根据工程建设需要，列出工程验收指标或要求。

8）割接方案

如工程涉及割接，应制订工程割接方案，并对工程实施提出要求。

9）运行维护

根据工程专业特点，对运行、维护、管理提出要求。

10）培训与仪表配置

培训与仪表配置应对维护仪表配备、生产管理人员定额及工程人员技术培训等提出要求。

11）预算编制

施工图设计预算由预算编制说明和预算表组成，预算编制说明应包含预算编制依据、预算取费说明、工程预算及技术经济指标分析等内容。

（1）预算编制依据应列出发文单位、文号、文件名称等。

（2）预算取费说明应对有关费用项目、定额、费率、设备及材料价格的取定和计算方法进行说明。

（3）工程预算及技术经济指标分析应说明工程预算总投资，分析工程单位造价，与初步设计概算进行对比分析，共建共享工程还应说明投资分摊等情况。

12）图纸

施工图设计图纸应按照批复的工程建设方案编制可指导实施的图纸，主要包括通信设备安装工程图纸、通信线路工程图纸以及通信管道工程图纸。

（1）通信设备安装工程图纸应包括网络组织图、系统图、通路组织图、各局站平面布置图、设备安装图、缆线布放图、设备抗震加固图、防雷与接地图等。

（2）通信线路工程图纸应包括相关路由及敷设方式图、配线架排列图、配线图、成端图、设备机框安装位置图等。对直埋工程障碍物的地段，应绘制剖面设计图。

（3）通信管道工程图纸应包括相关路由图、纵断图、横断图、特殊人手孔图。管道、人孔、手孔结构及建筑施工应采用的定型图纸；非定型设计应附结构及建筑施工图。对有地下管线或障碍物的地段，应绘制剖面设计图，标明交接位置、埋深及管线外径等。

4. 一阶段设计文件

一阶段设计文件应包括上述初步设计文件和施工图设计文件相关部分的内容，以达到相应的设计深度要求来编制工程预算。

2.2.4　单项工程建设方案

信息通信系统庞杂且专业性极强。因此，信息通信工程建设项目一方面应按照一个总体设计进行建设，在经济上统一核算，在行政上统一管理；另一方面，应按照不同专业拆分为若干个单项工程分别建设，通过"化整为零"实现复杂项目的模块化、标准化、专业化管理。信息通信工程建设项目按照不同专业可划分为 14 个单项工程，各单项工程的具体建设方案详见表 2.1。

表 2.1　单项工程及其建设方案

序号	单项工程	建设方案
1	核心网工程	包括话务网结构、信令网结构、中继及信令链路的配置，分组域网络组织方案、带宽需求及接口配置，特服电路组织、网间互联互通、编号计划、同步方式、网管、计费方式等
2	数据网络工程	包括数据网络结构、路由组织、链路设置方案，网间互联互通方案、IP 地址分配、服务质量解决方案、网管方案、同步方案、路由保护方案等
3	传输设备工程	包括传输网络组织方案、光中继段核算、安全保护方案、网管方案、同步方案、通路组织等，波分工程还应增加波道组织方案
4	移动无线网络工程	包括覆盖区划分、基站覆盖及容量设置方案、站型选择、链路预算与覆盖分析、容量分析、基站设置原则、基站信道配置、天馈设置方案、基站控制器设置方案、无线操作维护中心设置方案、接口与信令、频率计划与干扰协调等
5	微波工程	包括全线路由方案，站址路由技术情况要求，微波空中保护通道方案，站址设置和选定，系统组织方案，波道和频率极化配置，通信系统及各站接收方式，电路通路组织，公务系统的制式选择与电路分配，监控系统设计制式选择及系统组成，天线、馈线系统设计，电路质量指标估算等
6	卫星地球站微波工程	包括通信系统的组成和设备配置、协调区计算、微波辐射影响计算、上行传输质量预测等，以及对天线直径、品质因素的要求；地球站数字复用终端设备工程建设方案还应包括本站对各站电路数及上下行频谱安排、中继方式、业务系统设计等

序号	单 项 工 程	建 设 方 案
7	一点多址无线通信工程	包括中心站及外围站设置的地点选择，站址路由技术情况，通路组织方案，中继电路，工作频率及多址方案选择，天线及杆塔设计要求等
8	无线接入网工程	包括接入方式选择、网络部署方案、系统设计、接入控制设置要求、接入点设置要求、上联通路组织、网管要求等
9	有线宽带接入网	包括接入方式的确定、局点设置、接入点设置、传输与数据上联要求、网管要求等
10	业务平台工程	包括系统总体架构、业务流程、需求分析、服务器配置方案、存储配置方案、网络配置方案、系统软件配置方案、系统集成方案、容灾备份系统方案、安全策略、IP 地址规划等
11	信息系统工程	包括系统总体体系架构、软件功能需求、处理能力需求分析、服务器配置方案、存储配置方案、网络配置方案、系统软件配置方案、系统集成方案、容灾备份系统方案、安全策略、IP 地址规划等
12	通信线路工程	包括光(电)缆方案路由的选定，确定光(电)缆容量及条数、特殊地段的设计方案，确定割接方案、光(电)缆线路的防护方案，传输衰耗的说明，光缆色度色散和偏振模色散指标的说明等；干线工程还应包括中继站的设置和中继段长度的计算；接入网线路工程还应有交接点的设置、交接区和配线区的划分、光分路器的设置与配置及信息点的设置方案等
13	通信管道工程	包括路由方案选择、管孔容量确定、管材选用、人(手)孔型式选用、技术要求等
14	通信电源工程	包括交流设备配置原则、交流设备选型、直流设备配置原则、直流设备选型(含开关电源、蓄电池、配电设备等)、接地系统设计、通信电源集中监控系统设计原则等

2.3 工程设计勘测

2.3.1 勘测概述

1. 勘测的概念

勘测是信息通信工程设计工作的重要环节，通过现场勘测与调查研究，搜集工程设计所需要的各种业务、技术、经济以及社会等相关资料,据此初步拟定工程设计方案。勘测直接影响工程设计深度、施工进度以及工程质量。

2. 勘测的阶段划分

与可行性研究、初步设计和施工图设计相对应,信息通信工程的勘测可细分为方案查勘、设计查勘和现场测量三个阶段,勘测所取得的资料是设计的重要数据基础。从指导施工、确保质量角度考量,现场测量尤为重要。

2.3.2 勘测工作内容

信息通信工程设计勘测主要包括查勘和测量两部分工作内容,具体如下所述。

1. 查勘

1)准备工作

(1)人员组织。查勘小组应由设计、施工、维护等单位组成,人员多少视工程规模大小而定。

(2)熟悉相关文件。通过熟悉相关文件,了解工程概况和要求,明确工程任务和范围。如工程性质,规模大小,建设理由,中远期规划,等等。

(3)收集资料。资料收集工作将贯穿工程设计勘测的全过程;主要资料应在查勘前和查勘中收集齐全。为避免和其他部门发生冲突,或造成不必要的损失,应提前向相关单位和部门调查了解、收集工程建设方面的资料,并争取其支持和配合。相关部门包括计委、建委、电信、铁路、交通、电力、水利、农田、气象、燃化、冶金工业、地质、广播电台、军事等。对于改扩建工程,还应收集原有工程资料。

(4)制订查勘计划。根据设计任务书和所收集的资料,对工程概貌制定出一套粗略方案,可将其作为制订查勘计划的依据。

(5)查勘准备。可根据不同查勘任务准备不同的工具。一般通用工具有望远镜、测距仪、地阻测试仪、罗盘仪、皮尺、绳尺(地链)、标杆、随带式图板、工具袋等,以及查勘时所需要的表格、纸张、文具等。

2)查勘

(1)光缆线路路由及设备安装站址选择。依据设计规范的有关规定,根据工程设计任务书、可行性研究报告、初步设计文件、施工图设计文件等确定的方案,进行光缆线路路由及设备安装站址的选择。

(2)对外联系。设计内容涉及公共管线、公路、铁路、河流以及其他重要设施时,应与相关单位联系,重要部位需取得相关单位的书面同意。发生矛盾时应认真协商取得一致意见,矛盾突出时应签订正式书面协议。

(3)资料整理。根据现场查勘的情况进行全面总结,并对查勘资料进行整理和检查,主要工作内容包括:

① 将光缆线路路由、设备安装站址、其他重要设施在地图上标注清楚;

② 整理出设计需要的各类数据;

③ 提出对局部方案的修正建议,分别列出各方案的优缺点并进行比较;

④ 绘制出向城市建设部门申报备案的有关图纸；

⑤ 将查勘情况进行全面总结，并向建设单位汇报，认真听取意见，以便进一步完善方案。

2. 测量

测量工作对于工程设计至关重要，它直接影响到信息通信工程的安全、质量、投资、施工以及维护等。在查勘工作之后，应开展相应测量工作。由于设计过程中很多难点卡点需要在现地测量时解决，所以测量工作是设计不可或缺的一部分。

1）测量前准备

（1）人员配备。根据测量规模和难度，配备相应人员，并明确人员分工，拟制日程进度。

（2）工具配备。根据工程类别和测量方法的需要，配备相应测量工具。

2）测量分工和工作要求

信息通信工程各单项工程应按照其建设方案，对测量人员进行分组，同时明确各分组的任务分工及具体工作要求。

3）整理图纸

测量工作完成后，应及时整理图纸，主要工作内容包括：

（1）检查各类测绘图。

（2）整理登记资料、测防资料和对外调查联系工作记录。

（3）统计各类数据及工作量。

资料整理完毕后，测量组应进行全面系统的总结，对设计过程中的难点卡点进行重点论述。

2.3.3　方案查勘

信息通信工程立项阶段，为了编制可行性研究报告，应先进行方案查勘。下面以通信线路工程为例，介绍方案查勘的主要任务。

1. 方案查勘任务

通信线路工程应由设计人员、主管及相关部门的有关人员组成查勘小组。勘察前在1∶200000地形图上初步拟定工程途经的大致路由走向以及重点地区的路由方案，在1∶50000地形图上拟定沿途转接站、分路站、有人及无人中继站的设置方案，并对工作内容、查勘程序、工程进度进行安排。通信线路工程方案查勘的任务包括下述四个方面。

（1）通过方案查勘，在可行性研究报告中拟定光缆传输系统的光缆规格型号和多路传输设备的制式。

（2）通过方案查勘，在可行性研究报告中拟定工程大致路由走向以及重点地区的通信线路路由方案。

（3）通过方案查勘，在可行性研究报告中拟定终端站和沿途转接站、分路站、有人及无人中继站的方案、建设规模及其建筑结构，提出关键性新设备的研制及与本工程互相配合的问题。

（4）通过方案查勘，在可行性研究报告中初步提出本工程的技术经济指标和工程投资估算数额，论证本工程建设的经济可行性。

2. 资料搜集整理

通信线路工程方案查勘应搜集整理的资料及内容详见表 2.2。

表 2.2　方案查勘应搜集整理的资料

序号	调查单位	资料及内容
1	电信部门	（1）现有长途干线通信网的结构、规模、容量、线路路由、局站分布及维护系统等情况，（了解）过去和现在长途业务量增长情况，（预测）未来发展的可能性； （2）省内现有长途通信网的结构、局站分布、线路情况及其发展规划
2	公路部门	（1）与工程有关的现有及规划公路的分布以及公路等级情况； （2）特殊公路和战备公路、高等级公路的情况； （3）现有公路的改道、升级及大型桥梁、隧道、涵洞建设整修计划
3	水利部门	（1）现有河流、水库的情况及建设整治计划（一般指较大河流）； （2）现有农业水利建设及其发展规划（了解到地区以上单位）； （3）拟定光缆敷设地段的新挖河道、新修水库的工程计划； （4）光缆过河位置附近现有和规划的码头、拦河坝、水闸、护堤和水下情况等
4	水文部门	（1）主要河流历年来最大洪水流量、出现时间和断面内最大流速； （2）主要河流历年来的最高洪水位； （3）主要河流洪水前后河床情况
5	气象部门	（1）工程沿途地区地面深度为 1.2～2.0 m 处的地温资料； （2）近 10 年的雷暴日数及雷击情况； （3）土壤冻结深度，持续时间及封冻、解冻时间
6	地质农林单位	（1）山区岩石种类、分布范围、地质结构、泥石流、山洪暴发区、滑坡地带等情况； （2）光缆线路附近地下矿藏资料； （3）地震及地质结构的变化地段及相关资料
7	石油、化工煤炭、冶金等工矿部门	（1）有关油田、矿山的分布开采（现有情况及其规划）； （2）输气输油管道的路径、内压、防蚀措施及有关设施； （3）油田、矿山专用铁路的情况（现有情况及其规划）

序号	调查单位	资料及内容
8	电力部门	（1）与光缆线路路由平行接近的高压输电线路的路径、供电方式、工作电压、中性点接地方式、架空地线规格、短路电流曲线以及沿线大地导电率资料； （2）与光缆线路路由平行接近的"两线一地"制输电线路的路径、工作电压、电流、短路电流、沿线大地导电率以及有无改三相的计划等； （3）正在设计或正在架设中的高压输电线与光缆路由的相互位置； （4）邻近发电厂、变电站及其他电位资料； （5）必要时应商议本工程架设电力专线等事宜
9	铁道部门	（1）与本工程光缆线路临近的现有和规划铁路的位置、主要车站、编组站的位置及建设计划； （2）与光缆线路接近的电气化铁路（包括现有与规划）的位置，电力供电站和牵引变电站的位置、供电制式、电压筹备组及钢轨的型号、断面、尺寸等； （3）牵引供电段长度、段内机车数量、机车电流、强行运行状态的牵引段长度、机车数量、机车电流、负荷曲线、短路电流、沿线大地导电率等； （4）电气化铁路对通信线路的防护措施，如吸流变压器等
	其他有关单位	工程涉及的国家重要机密资料

3．现场查勘

通信线路工程方案查勘的现场查勘，查勘人员按照分工进行现场查勘，应完成下述任务。

（1）将收集的资料和实地查勘获得的材料进行综合分析、比较，研究工程建设方案的可行性，选定重点地区的路由走向方案。

（2）了解工程沿线的现有通信网组成情况及其发展规划，了解沿线其他部门进网的需求。

（3）查勘终端站、转接站、分路站、有人及无人中继站的站址方案，其中有人站所属的城市及具体位置待下一阶段确定。

（4）征求工程相关单位如规划局、军事保密等单位对光缆线路路由走向及设站方案的意见。

（5）与建设单位共同商定查勘的结论。

2.3.4　设计查勘

信息通信工程实施阶段，为了编制初步设计，应先进行设计查勘。下面以通信线路工程为例，介绍设计查勘的主要任务。

1．设计查勘任务

通信线路工程应由设计专业人员和建设单位代表组成查勘小组，查勘前首先研究设计任务书（或可行性报告）的内容与要求，并收集与工程有关的文件、图纸与资料；然后在1∶50000地形图上初步标出拟定的光缆路由方案，初步拟定无人站站址的设置地点，并测量标出相关位置；最后，制定组织分工、工作程序与工程进度安排，并准备查勘工具。通信线路工程设计查勘的任务包括下述七个方面。

（1）通过设计查勘，在初步设计中选定光缆线路路由。选定线路与沿线城镇、公路、铁路、河流、水库、桥梁等地形地物的相对位置；选定进入城区所占用街道的位置，利用现有通信管道或需新建管道的规程；选定在特殊地段的具体位置。

（2）通过设计查勘，在初步设计中选定终端站、转接站、有人及无人中继站的站址。配合光传输设备、电力、土建等专业人员，依据设计任务书的要求选定站址，并商定相关站址的总平面布置以及光缆的进线方式及走向。

（3）通过设计查勘，在初步设计中拟定中继段内各系统的配置方案；拟定无人站的具体位置，无人站的建筑结构和施工工艺要求；确定中继设备的供电方式和业务联络方式。

（4）通过设计查勘，在初步设计中拟定各段光缆规格、型号。根据地形自然条件，首先拟定光缆线路的敷设方式，由敷设方式确定各地段所使用的光缆的规格和型号。

（5）通过设计查勘，在初步设计中拟定线路上需要防护的地段及防护措施。拟定防雷、防腐蚀、防强电、防止鼠类啃噬以及防机械损伤的地段和防护措施。

（6）通过设计查勘，在初步设计中拟定维护事项。拟定维护方式和维护任务的划分；拟定维护段、巡房、水线房的位置；提出维护工具、仪表及交通工具的配置；结合监控告警系统，提出维护工作的安排意见。

（7）对外联系。对于光缆线路穿越铁路、公路或路肩（即路的两侧）、重要河道、大堤以及光缆线路进入市区等，协同建设单位与相关主管单位协商光缆线路需穿越的地点、保护措施及进局路由，必要时发函备案。

2．现场查勘

通信线路工程设计查勘的现场查勘，查勘人员按照分工进行现场查勘，应完成下述任务。

（1）核对在1∶50 000地形图上初步标定的光缆路由方案位置。

（2）向有关单位核实收集、了解到的资料内容的可靠性，核实地形、地物、建筑设施等的实际情况，对初拟路由中地形不稳固或受其他建筑影响的地段进行修改调整，通过现场查勘比较，选择最佳路由方案。

（3）会同维护技术人员在现场确定光缆线路进入市区时利用现有管道的长度，需新建管道的地段和管孔配置，计划安装制作接头的人孔位置。

（4）根据现场地形，研究确定利用桥梁附挂的方式和采用架空敷设的地段。

（5）确定光缆线路穿越河流、铁路、公路的具体位置，并提出相应的施工方案和保护措施。

（6）拟定光缆线路的防雷、防蚀、防强电、防机械损伤的段落、地点及其防护措施。

（7）查勘沿线土质种类，初估石方工程量和沟坎的数量。

（8）了解沿线白蚁和啮齿动物繁殖及对埋设地下光缆的伤害情况。

（9）配合光传输设备、电力、土建专业人员进行初步设计查勘任务中的机房选址和确定光缆的进线方式与走向。

（10）会同当地局（站）维护人员研究拟定初步设计中关于通信系统的配置和维护制式等有关事项。

3. 资料搜集整理

通信线路工程设计查勘通过对现场查勘和先期收集的有关资料的整理、加工，形成初步设计的图纸，主要包括以下内容。

（1）将线路路由两侧一定范围（各 200 m）内的有关设施，如军事重地、矿区范围、水利设施、接近的输电线路、电气化铁路、公路、居民区、输油管线、输气管线，以及其他重要建筑设施（包括地下隐蔽工程）等，准确地标绘在 1∶50 000 的地形图上。

（2）整理图纸时，应使用专业符号。整理提供的主要图纸详见表 2.3。

表 2.3　图纸种类及内容

	图 纸 名 称	主 要 内 容
1	光缆线路路由图	用 1∶50 000 地形图绘制，查勘选定的光缆线路路由；终端站、转接站、分路站，有人及无人再生中继站的位置；其他重要设施位置，如水库、矿区、高压输电线、变电站、电气化铁路牵引站等
2	路由方案比较图	对路由中主要复杂地段、绘图并提出路由方案的比较意见
3	系统配置图	概要地给出整个路由与各站的系统分布情况，无人再生中继站的电源供给方式，业务联络系统与监控中心的设置传递方式，巡房、水线房的设置，维护段的划分与主要设施等
4	市区管道系统图	利用现有管道和新建管道的路由、管段长度及规模等
5	主要河流敷设水底光缆线路平面图、截面图	按所选定水底光缆路由和河道、河床概况绘制
6	光缆进入城市规划区路由图	同序号 1，用 1∶5000 或 1∶10 000 的地图比例绘制

（3）在图纸上计算下列长度（用滚图仪在 1∶50 000 地形图上计量距离长度）以及主要工作量：路由总长度；终端站、转接站、分路站，有人及无人中继站间的距离；与重大军事目标，重要建筑设施的距离；光缆线路路由沿线的不同地形、不同土质，顺沿公路、铁路、接近的高压输电线和电气化铁路、防雷地段、防腐蚀地段、防机械损伤段落的具体长度及不同路由方案的相关长度；统计各种规格的光缆长度。

4. 总结汇报

查勘组全体人员对选定的路由、站址、系统配置、各项防护措施及维护设施等具体内容进行全面总结，并形成查勘报告，向建设单位汇报。对于暂时不能解决的问题以及超出设计任务书范围的问题，报请上级主管部门批示。

2.3.5　现场测量

信息通信工程实施阶段，为了编制施工图设计，应先进行现场测量。现场测量是对初步设计查勘内容的补充勘测，更侧重于现地实测，其测量重点包括初步设计查勘中遗漏或更改的部分，以及与设备安装、线缆布放相关的施工数据测量，配套工程的现场测量或复核等。下面以通信线路工程为例，介绍现场测量的主要任务。

通信线路工程现场测量是施工图设计阶段进行通信线路施工安装图纸的具体测绘工作，通过施工图测量，使线路敷设的路由位置、安装工艺、各项防护保护措施进一步具体化，并为编制工程预算提供第一手资料。

测量之前首先要研究初步设计和审批意见，了解设计方案、设计标准和各项技术措施的确定原则，明确初步设计会审后的修改意见；了解对外调查联系工作情况和施工图测量中需要补做的工作；了解现场实际情况与原初步设计查勘时的变化情况，例如因路由变动而影响站址、水底光缆路由以及进城路由走向的变动等；确定参加测量的人数，明确人员分工，制订出日进度计划；准备测量用的工具仪器。

1．测量工作

测量人员一般分为五个组，即大旗组、测距组、测绘组、测防组及对外调查联系组，可根据需要配备一定数量的人员。

施工图测量工作除了常规内容外，还应请建设单位有关人员一起深入现场进行更加详细的调查研究工作，以解决在初步设计中所遗留的问题。这些问题包括：

（1）在初步设计查勘中已与有关单位达成意向但尚未正式签订的协议。

（2）邀请当地政府有关部门的领导深入现场，介绍并核查有关农田、河流、渠道等设施的整治规划，乡村公路、干道及工农副业的建设计划，以便测量时考虑避让或采取相应的保护措施。

（3）按有关政策及规定与有关单位及个人洽谈需要迁移电杆、砍伐树木、迁移坟墓、路面损坏、损伤青苗等的赔偿问题，并签订书面协议。

（4）了解并联系施工时的住宿、工具、机械和材料囤放及沿途可能提供劳力的情况。

2．资料收集及整理

通信线路工程现场测量通过对现地实测和先期收集的有关资料的整理、加工，形成施工图设计的图纸，主要工作包括：

（1）检查各项测绘图纸；

（2）整理登记资料、测防资料及对外调查联系工作记录，收集建设单位与外单位签订的有关路由批准或协议文件；

（3）统计各种程式的光缆长度、各类土质挖沟长度及各项防护加固措施的工程量。

3．总结汇报

现场测量工作结束后，测量组应进行全面系统的总结，在路由图上对路由与各项防护加固措施应做重点描述。对于未能取得统一看法的问题，应与建设单位协商，广泛征求意见，把问题尽快解决在编制设计文件之前，以加快设计进度，提高设计质量。

2.4 概算、预算

概算、预算是信息通信工程设计的重要组成部分。为适应信息通信建设行业发展需要，合理有效地控制信息通信建设工程投资，规范信息通信建设工程计价行为，根据国家法律法规及有关规定，2016 年工业和信息化部对 2008 年《通信建设工程概算、预算编制办法》及相关定额(工信部规〔2008〕75 号)进行了修订，发布了《工业和信息化部关于印发信息通信建设工程预算定额、工程费用定额及工程概预算编制规程的通知》(工信部通信〔2016〕451 号)，颁布了《信息通信建设工程费用定额 信息通信建设工程概预算编制规程》以及《信息通信建设工程预算定额》(共五册：第一册通信电源设备安装工程、第二册有线通信设备安装工程、第三册无线通信设备安装工程、第四册通信线路工程、第五册通信管道工程)。

本节主要依据《信息通信建设工程费用定额 信息通信建设工程概预算编制规程》，简要介绍概算、预算相关内容。

2.4.1 概算、预算的作用

1. 设计概算的作用

信息通信建设工程设计概算的作用主要体现在下述五个方面。

(1) 设计概算是确定和控制固定资产投资、编制和安排投资计划、控制施工图预算的主要依据。

(2) 设计概算是核定贷款额度的主要依据。

(3) 设计概算是考核工程设计技术经济合理性和工程造价管理的主要依据。

(4) 设计概算是筹备设备、材料采购和签订订货合同的主要依据。

(5) 设计概算是控制项目投资，考核建设成本，提高项目实施阶段工程管理和经济核算水平的必要手段。

2. 施工图预算的作用

信息通信建设工程施工图预算的作用主要体现在下述四个方面。

(1) 施工图预算是考核工程成本、确定工程造价的主要依据。

(2) 施工图预算是签订工程承、发包合同的依据。

(3) 施工图预算是工程价款结算的主要依据。

(4) 施工图预算是考核施工图设计技术经济合理性的主要依据。

2.4.2 概算、预算的编制依据

1. 设计概算的编制依据

信息通信建设工程设计概算的编制依据主要包括下述五项内容。

（1）批准的可行性研究报告。

（2）初步设计图纸及有关资料。

（3）国家相关管理部门发布的有关法律、法规、标准规范。

（4）《信息通信建设工程费用定额 信息通信建设工程概预算编制规程》、《信息通信建设工程预算定额》（信息通信建设工程用预算定额编制概算）及其有关文件。

（5）建设项目所在地政府发布的土地征用和赔补费用等有关规定。

2. 施工图预算的编制依据

信息通信建设工程施工图预算的编制依据主要包括下述六项内容。

（1）批准的设计概算或可行性研究报告及有关文件。

（2）施工图、标准图、通用图及其编制说明。

（3）国家相关管理部门发布的有关法律、法规、标准规范。

（4）《信息通信建设工程费用定额 信息通信建设工程概预算编制规程》《信息通信建设工程预算定额》及其有关文件。

（5）建设项目所在地政府发布的土地征用和赔补费用等有关规定。

（6）有关合同、协议等。

2.4.3　概算、预算的编制

信息通信建设工程概算、预算的编制，应按相应的设计阶段进行。当建设项目采用两阶段设计时，初步设计阶段编制设计概算，施工图设计阶段编制施工图预算。采用一阶段设计时，应编制施工图预算，并计列预备费、建设期利息等费用。建设项目按三阶段设计时，在技术设计阶段编制修正概算。

设计概算是初步设计文件的重要组成部分，编制设计概算应在批准的投资估算范围内进行。施工图预算是施工图设计文件的重要组成部分，编制施工图预算应在批准的设计概算范围内进行。对于一阶段设计，编制施工图预算应在批准的投资估算范围内进行。

信息通信建设工程如果由几家设计单位共同承担设计时，总体设计单位应负责统一概算、预算的编制原则，并汇总建设项目的总概算、总预算。分设计单位负责本设计单位所承担的单项工程概算、预算的编制。

信息通信建设工程概算、预算应由具有信息通信建设相关资质的单位编制。概算、预算的编制和审核以及从事信息通信工程造价相关工作的人员必须熟练掌握《信息通信建设工程费用定额 信息通信建设工程概预算编制规程》以及《信息通信建设工程预算定额》等文件。信息通信主管部门应通过信息化手段加强对从事概算、预算编制及工程造价从业人员的监督管理。

编制设计概算、施工图预算时，应按如下程序进行：首先，应收集资料、熟悉图纸，根据资料计算工程量；其次，根据信息通信工程中涉及的人工、材料、机械以及仪表，套用定额，选用价格，计算各项费用；再次，对概算、预算费用进行复核，撰写编制说明；最后，审核出版。

2.4.4　概算、预算的组成

设计概算、施工图预算均由编制说明以及相应的概算表、预算表组成。

1．设计概算编制说明

设计概算编制说明应包括下述内容。

（1）工程概况、概算总价值。

（2）编制依据及采用的取费标准、计算方法的说明。

（3）工程技术经济指标分析。主要分析各项投资的比例和费用构成，分析投资情况，说明设计的经济合理性及编制中存在的问题。

（4）其他需要说明的问题。

2．施工图预算编制说明

施工图预算编制说明应包括下述内容。

（1）工程概况、预算总价值。

（2）编制依据及采用的取费标准、计算方法的说明。

（3）工程技术经济指标分析。

（4）其他需要说明的问题。

3．概算、预算表格

设计概算和施工图预算表格统一使用 5 种表格，共 10 张，具体内容如下。

（1）汇总表《建设项目总概（预）算表（汇总表）》，供编制建设项目总概（预）算使用，建设项目的全部费用在本表中汇总。

（2）表一《工程概（预）算总表》，供编制单项（单位）工程概（预）算使用。

（3）表二《建筑安装工程费用概（预）算表》，供编制建筑安装工程费使用。

（4）表三甲《建筑安装工程量概（预）算表》，供编制工程量，并计算技工和普工总工日数量使用。

（5）表三乙《建筑安装工程机械使用费概（预）算表》，供编制本工程所涉及的机械费用使用。

（6）表三丙《建筑安装工程仪器仪表使用费概（预）算表》，供编制本工程所涉及的仪器仪表费用使用。

（7）表四甲《国内器材概（预）算表》，供编制本工程的主要材料、设备和工器具的数量及费用使用。

（8）表四乙《进口器材概（预）算表》，供编制进口设备工程的主要材料、设备和工器具的数量及费用使用。

（9）表五甲《工程建设其他费概（预）算表》，供编制国内工程计列的工程建设其他费用使用。

（10）表五乙《进口设备工程建设其他费概（预）算表》，供编制进口设备工程计列的工程建设其他费用使用。

上述概算、预算表格的填写方法及说明，详见《信息通信建设工程概预算编制规程》的有关章节。

2.5　设计与技术管理

2.5.1　设计与技术管理概述

设计与技术管理是指在遵守国家相关法规的基础上，项目管理机构对项目全过程或部分过程实施的设计及技术工作进行控制，为项目的设计过程、施工组织、后期运营进行系统筹划和保障的行为。设计与技术管理需自项目立项开始至项目运营阶段停止，贯穿项目实施全过程，在贯彻执行国家法律法规和标准规范的基础上，根据项目目标管理原则，综合考虑投资、质量、进度、安全等指标而确定。

1. 管理制度及管理计划

《建设工程项目管理规范》(GB/T 50326—2017)中规定，组织是指为实现其目标而具有职责、权限和关系等自身职能的个人或群体。对于拥有一个以上单位的组织，可以把一个单位视为一个组织。组织可包括一个单位的总部职能部门、二级机构、项目管理机构等不同层次和不同部门。建设工程的组织包括建设单位、勘察单位、设计单位、施工单位、监理单位等。

(1)组织应明确设计与技术管理部门，界定管理职责与分工，制定设计与技术管理制度，确定设计与技术控制流程，配备相应资源。

(2)项目管理机构应按照项目管理策划结果，进行目标分解，编制设计与技术管理计划，经批准后组织落实。组织确定的设计与技术管理计划应包括为了实现设计与技术目标而规定的组织结构、职责、程序、方法和资源等的具体安排。设计与技术管理计划需采用现代化的设计与管理技术提高设计质量，重视低碳、环保、可再生等绿色建筑技术在项目设计中的应用，注重新技术、新材料、新工艺、新产品的应用与推广。组织需进行技术管理策划，制定技术管理目标，建立项目技术管理程序，明确技术管理方法。

2. 管理评价

项目管理机构应根据项目实施过程中不同阶段目标的实现情况，对设计与技术管理工作进行动态调整，并对设计与技术管理的过程和效果进行分层次、分类别的评价。各层次、类别的评价标准如下所述：

(1)需贯彻国家和有关行业部门的相关规定或要求，或国内外同类服务达到的工作水平。标准要明确具体，尽可能提出定量标准，不能定量的要有明确的定性要求。

(2)相关评价结果(含各层次的评定结果和最终的评定总结果)可通过加权评分评定法产生。

(3)相关评价结果可作为项目管理机构业绩评定的依据，也可作为其向建设单位申请管理报酬尾款的依据。

3. 勘测工作

项目管理机构应根据项目设计的需求合理安排勘测工作，明确勘测管理目标和流程，规定相关勘测工作职责。勘测与设计工作关系密切，勘测成果是保证设计水平的重要条件。一般情况下，勘测可与设计工作集成实施。

2.5.2　设计管理

1. 设计管理阶段划分

设计管理应根据项目实施过程，划分为下述六个阶段。

（1）项目方案设计（也称为设计准备阶段或项目可行性研究阶段）。

（2）项目初步设计。

（3）项目施工图设计（项目初步设计与施工图设计合称为工程设计与计划阶段）。

（4）项目施工。

（5）项目竣工验收与竣工图。

（6）项目后评价。

组织应依据项目需求和相关规定组建或管理设计团队，明确设计策划，实施项目设计、验证、评审和确认活动，或组织设计单位编写设计报审文件，并审查设计人提交的设计成果，提出设计评估报告。

2. 项目方案设计阶段主要工作

项目管理机构应配合建设单位（业主方）明确设计范围、划分设计界面、设计招标工作，确定项目设计方案，做出投资估算，完成项目方案设计任务。项目方案设计阶段，项目管理机构的主要工作包括如下内容。

（1）根据建设单位确定的项目定位、投资规模等，组织进行项目概念设计方案比选或招标，并组织对概念设计方案进行优化。

（2）组织设计方完成项目设计范围、主要设计参数及指标、使用功能的方案设计，并组织设计方案审查和报批。

（3）根据建设单位需求，组织编制详细的设计任务书，明确设计范围、设计标准与功能等要求。根据设计任务书内容，协助建设单位进行设计招标工作，完成项目设计方案的比选，确定设计承包人，起草设计合同，组织合同谈判直至合同签订。

（4）按照确定的设计方案，针对项目设计内容和参数，编制整体项目设计管理规划，初步划分各设计承包人或部门（包括专业设计方）工作界面和分类，制定相应管理工作制度。

（5）与设计方建立有效的沟通渠道，保证设计相关信息及时、准确地确认和传递。

3. 项目初步设计阶段主要工作

项目管理机构应根据可行性研究要求，组织完成初步设计或审查工作，确定设计概算，并提出设计查勘工作需求，完成地勘报告申报管理工作。项目初步设计阶段，项目管理机构的主要工作如下所述：

（1）根据立项批复文件及项目建设规划条件，组织落实项目主要设计参数与项目使用功能的实现，达到相应设计深度，确保项目设计符合规划要求，并根据建设单位需求组织对项目初步设计进行优化。

（2）实施或协助建设单位完成勘察单位的招标工作，根据初步设计内容与规范要求，监督指导勘察单位或部门完成项目的设计查勘工作，审查勘察单位或部门提交的地勘报告，并负责地勘报告的申报管理工作。

4. 项目施工图设计阶段

项目管理机构应根据初步设计要求，组织完成施工图设计或审查工作，确定施工图预算，并建立设计文件收发管理制度和流程。项目施工图设计阶段，项目管理机构的主要工作如下所述：

（1）实施项目设计进度、设计质量管理工作，开展限额设计。

（2）组织协调外部配套报建与设计接口及各独立设计承包人间的设计界面衔接和接口吻合，对设计成果进行初步设计审查。

（3）组织委托施工图审查工作，并组织设计方按照审查意见修改完善设计文件。

（4）制定设计文件（图纸）收发管理制度和流程，确保设计图纸的及时性、有效性，将设计文件（图纸）的原件和电子版分别标识并保存，防止丢失或损毁。

5. 项目施工阶段

项目管理机构应编制施工组织设计，组织设计交底、设计变更控制和深化设计，根据施工需求组织或实施设计优化工作，组织关键施工部位的设计验收管理工作。项目施工阶段，项目管理机构的主要工作如下所述。

（1）组织设计方对施工单位或部门进行详细的设计交底工作，督促施工承包人、监理人或部门实施图纸自审与会审工作，并确保施工阶段项目相关方对于设计问题沟通的及时、顺畅。

（2）按照合同约定进行项目设计变更管理与控制工作。

（3）组织施工方实施项目深化设计（施工详图设计）工作，编制深化设计实施计划与深化设计审批流程。

（4）组织项目设计负责人及相关设计人员参加项目关键部位及分部工程验收工作。

6. 项目竣工验收与竣工图阶段

项目管理机构应组织项目设计负责人参与项目竣工验收工作，并按照约定实施或组织设计承包人对设计文件进行整理归档，编制竣工决算，完成竣工图的编制、归档、移交工作。

7. 项目后评价阶段

项目管理机构应实施或组织设计承包人针对项目决策至项目竣工后运营阶段设计工作进行总结，对设计管理绩效开展后评价工作。

2.5.3 技术管理

1. 技术管理内容

项目管理机构应实施技术管理策划，确定技术管理措施，进行项目技术应用活动。技术管理措施应包括下列主要内容。

（1）技术规格书。

（2）技术管理规划。

（3）施工组织设计、施工措施、施工技术方案。

（4）采购计划。

技术管理措施主要是通过技术文件体现的，重要的技术文件需要由相关主管部门进行审批。

2. 技术应用要求

项目管理机构应确保设计过程的技术应用符合下述要求。

（1）组织设计单位应在各设计阶段申报相应技术审批文件，通过审查并取得政府许可。

（2）应策划设计与采购、施工、运营和各专业技术接口关系，并明确技术变更或洽商程序。

3. 技术规格书

技术规格书一般是招标文件的附件（也可以与其他招标文件合并），是发包方提出的技术要求，在签订合同的时候，也常直接作为合同的附件，其作用类似于技术协议，一般情况下，与招标文件或合同的其他条款具有同等法律效力。技术规格书作为发包方的技术要求，应是施工承包人编制施工组织设计、施工措施、施工技术方案的基本依据，其具体内容如下所述。

（1）分部、分项工程实施所依据标准。

（2）工程的质量保证措施。

（3）工程实施所需要提交的资料。

（4）现场小样制作、产品送样与现场抽样检查复试。

（5）工程所涉及材料、设备的具体规格、型号与性能要求，以及特种设备的供货商信息。

（6）各工序标准、施工工艺与施工方法。

（7）分部、分项工程质量检查验收标准。

4. 技术管理规划

技术管理规划应是承包人根据招标文件要求和自身能力编制的、拟采用的各种技术和管理措施，以满足发包人的招标要求，其具体内容如下所述。

（1）技术管理目标与工作要求。

（2）技术管理体系与职责。

（3）技术管理实施的保障措施。

（4）技术交底要求，图纸自审、会审，施工组织设计与施工方案，专项施工技术，新技术的推广与应用，技术管理考核制度。

（5）各类方案、技术措施报审流程。

（6）根据项目内容与项目进度需求，拟编制技术文件、技术方案、技术措施计划及责任人。

（7）新技术、新材料、新工艺、新产品的应用计划。

（8）对设计变更及工程洽商实施技术管理制度。

（9）各项技术文件、技术方案、技术措施的资料管理与归档。

技术管理规划属于投标文件，与施工组织设计一样，一般都是投标文件的附件。一些项目在合同签订后，承包人还需要提交细化的技术管理规划与施工组织设计（或两者合并）供发包方批准，并作为合同实施的主要文件。

5．技术规格书和技术管理规划编制要求

技术规格书、技术管理规划或施工组织设计、专项技术措施方案，系统地规范了项目成果在交付时点的状态，以及如何达到这个状态的必要保证措施，在项目管理的质量、成本、安全和进度管理等关键内容发挥着重要的作用。项目管理机构应根据施工过程需求，按照下述要求编制技术规格书和技术管理规划。

（1）对技术规格书、技术管理规划应实施技术经济分析，按照方案严谨、样板先行原则进行策划，必要情况下进行多方案比选以确定最优方案。

（2）技术规格书、技术管理规划编制完成并经相关方批准后，由项目管理机构组织实施。

6．技术规格书和技术管理规划实施要求

技术规格书、技术管理规划的实施过程应符合下述要求。

（1）识别实施方案需求，制定相关实施方案。

（2）确保实施方案充分、适宜，并得到有效落实。必要时，应组织进行评审和验证。

（3）评估工程变更对实施方案的影响，采取相应的变更控制。

（4）检查实施方案的执行情况，明确相关改进措施。

实施方案是指专门用于技术应用活动的实施方法、风险防范、具体安排等，可包括具体的信息沟通计划、技术培训方案、技术保证措施或详细技术交底等内容，书面或口头形式均可。

7．技术管理与其他要求

（1）对新技术、新材料、新工艺、新产品的应用，项目管理机构应监督施工承包人实施方案的落实工作，根据情况指导相关培训工作。

（2）依据项目技术管理措施，项目管理机构应组织项目技术应用结果的验收活动，控制各种变更风险，确保施工过程中技术管理满足规定要求。

（3）项目管理机构应对技术管理过程的资源投入情况、进度情况、质量控制情况进行记录与统计。实施过程完成后，组织应根据统计情况进行实施效果分析，对项目技术管理措施进行改进提升。

（4）项目管理机构应按照工程进度收集、整理项目实施过程中的各类技术资料，按类存放，完整归档。

本 章 小 结

信息通信工程设计是一项综合性较强的工作，其核心在于将专业技术与工程应用相结

合，确保系统高效可靠地满足用户需求，是信息通信工程建设的基础与先导。通过科学的设计流程、规范的文件编制和深入的勘测工作，可以为后续工程实施提供有力支持，并在工程实践中推动工艺创新与技术发展。

　　本章主要介绍了信息通信工程设计的基本概念及其重要作用，阐述了工程设计文件的构成要素及其编写要求，强调了工程设计勘测的主要内容及阶段划分，简介了工程概算预算的基本要素及其编制方法及内容组成，并从项目管理的视角概述了设计与技术管理。通过本章的学习，可以清晰地理解信息通信工程设计在信息化发展中的重要地位，并掌握其概念、流程与方法，为后续学习和实践奠定坚实基础。在学习过程中应注重理论与实际相结合，培养系统性思维与跨界整合能力，方能在数字化浪潮中实现个人价值与社会价值的统一。

思　考　题

1. 简述信息通信工程设计的定义及其在信息通信工程建设中的地位。
2. 简述信息通信工程设计的主要步骤及其作用。
3. 概括工程设计文件的基本构成内容、类型及格式要求。
4. 信息通信工程设计文件的编制标准和规范是什么，有哪些基本要求？
5. 结合本人学习（从事）专业，简要说明相应单项工程建设方案的具体内容。
6. 简述工程设计勘测工作的定义、作用及其主要任务。
7. 简述工程设计查勘的主要内容及方法。
8. 简述概算和预算的作用及其各自编制依据。
9. 简述技术管理在工程设计中的重要性及其主要内容。
10. 简要列出影响信息通信工程设计的因素。

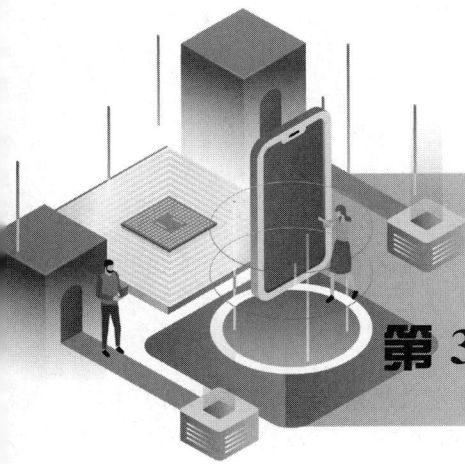

第 3 章　信息通信工程施工

　　施工是信息通信工程从"蓝图"到"现实"的桥梁,从理论到实践的纽带,既是技术能力的体现,也是社会效益的基石。随着通信技术向 6G、空天地一体化网络演进,施工的精细化、智能化水平将成为决定行业竞争力的关键因素。本章将在介绍信息通信工程施工相关概念的基础上,分别以通信设备安装工程、通信电源设备安装工程的施工工序为主线,详细阐释各个工序的具体施工技术。通信线路工程以及通信管道工程施工可参考西安电子科技大学出版社出版的教材《光缆线路工程(第二版)》。

3.1　信息通信工程施工概述

3.1.1　信息通信工程施工的定义

　　信息通信工程施工是指按照信息通信网络规划设计要求,利用信息通信设备和技术对信息通信设施进行建设和改造的过程。信息通信工程施工包括有线和无线通信网络的建设和改造,主要涉及光纤通信、微波通信、卫星通信等各种通信技术和设备。信息通信工程施工是通信网络建设的核心环节,对保障通信网络运行稳定,提高通信质量具有至关重要的意义。

3.1.2　信息通信工程施工的作用

1. 实现设计蓝图落地

　　信息通信工程施工是将技术方案、设计图纸转化为信息通信实体设施(如基站、通信管道、数据中心等)的过程。如若缺乏高质量的施工,再先进的设计也无法落地,无法形成实际信息通信能力。

2. 保障网络稳定可靠

　　信息通信工程施工质量直接决定信息通信系统的性能。例如:光纤熔接工艺影响传输链路损耗,基站天线的安装精度影响信号覆盖范围,设备接地与防雷措施决定信息通信系统的稳定性及可靠性。

3. 控制成本与工期

高效的施工管理能优化资源分配，避免材料浪费和返工，确保事半功倍地完成信息通信工程项目建设。

4. 推动技术创新应用

信息通信工程施工环节是新技术（如5G通信技术、软件定义网络SDN设备部署）的实践载体，需结合工程经验解决技术适配问题，推动行业技术迭代。

3.2 通信设备安装工程施工

3.2.1 施工工序

通信设备安装工程的施工工序主要包括器材进场检验、施工测量与现场复核、铁件安装、走线架（道）安装、机架设备安装、抗震加固、缆线布放端接以及加电测试等工序，具体如图3.1所示。根据所安装设备专业的特殊性可能还包括电缆截面设计、上梁及立柱安装等，若是移动通信基站设备安装工程则还会包括铁塔制作与安装、室外设备安装、各类天馈线安装与测试等工序。

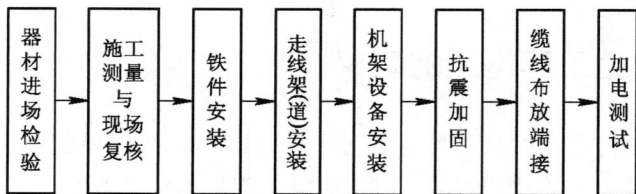

器材进场检验 → 施工测量与现场复核 → 铁件安装 → 走线架（道）安装 → 机架设备安装 → 抗震加固 → 缆线布放端接 → 加电测试

图 3.1 通信设备安装工程施工工序

3.2.2 施工技术

1. 器材进场检验

1）各类设备的进场检验

通信设备安装前的进场检验是确保设备在安装前处于良好状态的重要步骤。检验工序主要按照下述十个方面依次展开。

（1）外观检查。检查设备外观是否完好，包括外壳、面板、接口等部分，确保无损坏或缺陷。

（2）配件检查。检查设备是否配齐了所有必要配件，如电缆、连接器、附件等，确保所有配件的数量和质量符合要求。

（3）标识检查。检查设备上的标识，包括型号、序列号、制造商信息等，确保标识清晰可见，与相关文件相符。

（4）文件检查。检查随机附带的文件，如使用手册、安装指南、保修卡等，确保文件齐全、清晰，并符合要求。

（5）电气安全。对设备的电气部分进行检查，确保电缆、插头等电气连接部分无损坏或短路的情况。

（6）运输检查。如果设备是通过长距离运输送达现场，应检查是否有明显的运输损坏迹象，重点关注设备是否受到了振动或撞击。

（7）功能检查。如若可能，进行简单的功能测试，确保设备基本功能正常。

（8）环境适应性。检查设备的工作环境要求，确保设备可以在安装地点的环境条件下正常工作。

（9）防静电处理。在检查和处理设备时，注意防静电措施，避免因静电引起的损坏。

（10）记录检查结果。将所有检查的结果详细记录，包括各项测试数据、发现的问题、采取的措施等，便于跟踪设备状态和后续维护。

具体的进场检验工序可能因不同设备类型或制造商而异，因此应参考设备的相关文档以及制造商建议的检查程序。

2）各类通信、电力、信号线缆的进场检验

信息通信设备安装工程施工中会用到各类通信、电力、信号线缆，进场检验是确保线缆质量符合标准和工程要求的重要步骤。检验工序主要按照下述十个方面依次展开。

（1）外观检查。检查线缆外观，包括外护套、绝缘层、接头等部分，确保外观无损伤、变形、裂纹等情况。

（2）标识检查。检查线缆上的标识，包括型号、规格、制造商信息等，确保标识清晰可见，与相关文件相符。

（3）长度检查。使用适合的工具测量线缆长度，确保线缆长度符合工程设计要求。

（4）电气性能测试。进行电气性能测试，包括导电电阻、绝缘电阻、电容等测试，确保线缆的电气性能符合规范要求。

（5）外径测量。测量线缆外径，确保外径符合设计要求，以确保线缆可以正确安装在预定的通道或管道内。

（6）弯曲半径检查。检查线缆的弯曲半径是否符合规范要求，以确保在安装过程中不会损坏线缆。

（7）耐火性能测试。针对应具备防火性能的线缆进行相应的耐火性能测试，确保线缆在发生火灾时能够保持功能。

（8）阻燃性能测试。对有阻燃要求的线缆进行阻燃性能测试，确保线缆在火灾情况下不易燃烧、不易蔓延。

（9）外界环境适应性。根据线缆使用的环境条件，检查线缆是否符合相关环境适应性要求，如耐高温、耐湿度等性能。

（10）记录检查结果。具体内容与"设备的进场检验"相同，便于后续的质量跟踪和验收过程。

具体的线缆进场检验步骤可能因不同线缆类型和规格而异，因此应参考相关的国家标准、行业标准、设计文件以及制造商提供的技术规范进行检验。

3）各类桥架、槽道、线管的进场检验

信息通信机房施工中会用到桥架、槽道、线管等材料，进场检验是确保上述结构材料符合质量标准和工程要求的关键步骤。检验工序主要按照下述十个方面依次展开。

（1）外观检查。检查桥架、槽道、线管的外观，确保外表面平整、无明显变形、无明显的损伤或腐蚀，重点关注焊缝、连接处和表面涂层的完整性。

（2）尺寸规格检查。检查桥架、槽道、线管的尺寸规格，确保符合设计和规范要求，包括宽度、深度、高度等方面的尺寸检查。

（3）材质和规格确认。确认桥架、槽道、线管所使用的材质是否符合设计和规范的要求，并检查材料的相关规格标识。

（4）连接方式检查。对于桥架和槽道，检查连接方式，确保连接牢固、稳定，且符合设计规范；对于线管，检查连接方式和接头的质量。

（5）涂层和防腐处理。检查桥架、槽道、线管的表面涂层和防腐处理，确保涂层完整、附着力良好，并符合防腐要求。

（6）防火性能。对于有防火要求的场所，检查桥架、槽道、线管是否符合相关防火要求，包括阻燃性能等。

（7）强度和稳定性检查。检查桥架、槽道、线管的强度和稳定性，确保其能够承受预期的负载，尤其是对于吊装的结构。

（8）位置标识。检查桥架、槽道、线管上的位置标识，确保其在安装时可正确放置在指定位置。

（9）相关证书和文件检查。检查提供的相关证书和文件，包括产品合格证书、检测报告、制造商资质等，以确认产品的合格性。

（10）记录检查结果。具体内容与"设备的进场检验"相同，便于质量追踪以及后续的验收过程。

4）设备机柜和铁件的进场检验

信息通信机房施工中，进场检验是确保设备机柜和铁件符合质量标准和工程要求的关键步骤。检验工序主要按照下述十二个方面依次展开。

（1）外观检查。检查设备机柜和铁件的外观，确保外表面平整、无明显变形、无明显损伤、划痕或腐蚀，重点关注焊缝、连接处和表面涂层的完整性。

（2）尺寸规格检查。检查设备机柜和铁件的尺寸规格，确保符合设计和规范要求，包括高度、宽度、深度等方面的尺寸检查。

（3）材质和规格确认。确认设备机柜和铁件所使用的材质是否符合设计和规范的要求，并检查材料的相关规格标识。

（4）连接方式检查。检查设备机柜的连接方式，确保连接牢固、稳定，且符合设计规范；检查铁件连接方式和焊接质量。

（5）涂层和防腐处理。检查设备机柜和铁件的表面涂层和防腐处理，确保涂层完整、附着力良好，并符合防腐要求。

（6）防火性能。对于有防火要求的场所，检查设备机柜和铁件是否符合相关防火要求，包括阻燃性能等。

（7）强度和稳定性检查。检查设备机柜和铁件的强度和稳定性，确保其能够承受预期的负载，尤其是对于支撑设备的构件。

（8）位置标识。检查设备机柜和铁件上的位置标识，确保其在安装时可以正确放置在指定的位置。

（9）相关证书和文件检查。检查提供的相关证书和文件，包括产品合格证书、检测报告、制造商资质等，以确认产品的合格性。

（10）电气接地检查。对设备机柜进行电气接地检查，确保设备机柜具有良好的接地性能。

（11）安全标识。检查设备机柜和铁件上是否具有必要的安全标识，以确保在使用过程中能够正确识别和操作。

（12）记录检查结果。具体内容与"桥架、槽道、线管的进场检验"相同。

2. 施工测量与现场复核

通信设备安装工程在进场实施前，应对工程现场进行施工测量与复核，为后续工程实施做好充分准备，施工测量与现场复核主要包括下述五个方面的工作内容：

（1）掌握现场的特殊要求，核实电力配电系统、走线系统、接地系统、空调和消防设施的状况，明确施工用电的引接位置等施工现场基本情况。

（2）依据施工图纸进行现场复核，主要包括需要安装的设备位置、数量是否准确有效；线缆走向、距离是否准确可行；电源电压、熔断器容量是否满足设计要求；保护接地的位置是否有冗余；防静电地板的高度是否和抗震机座的高度相符等。

（3）了解施工现场的相关管理规定，安排设备、仪表的存放位置。

（4）掌握现场内在网运行设备的情况，制定在用设备的安全防护措施。

（5）掌握现场卫生环境情况，制定保洁和防尘措施，配套必要的设施。

3. 铁件安装

铁件安装和加固的位置应满足设计施工图设计要求，并符合下述规定。

（1）安装的立柱应垂直，垂直度偏差应不大于1‰。

（2）铁架上梁、连固铁应平直无明显弯曲。

（3）电缆支架应端正，间距均匀。

（4）列间撑铁应在一条直线上，铁件对墙加固处应满足设计图要求。

（5）吊挂安装应牢固、垂直，膨胀螺栓孔宜避开机房主承重梁，无法避开时，孔位应选在距主承重梁下沿 120 mm 以外的侧面位置。

（6）一列有多个吊挂时，吊挂应在一条直线上。

4. 走线架（道）安装

走线架（道）的安装位置应满足施工图设计要求，并符合下述规定。

（1）平面位置偏差不得超过 50 mm。

（2）水平走道应与列架保持平行或直角相交，水平度每米偏差不超过 2 mm。

（3）垂直走道应与地面保持垂直并无倾斜现象，垂直度偏差不大于1‰。

（4）走道吊架的安装应整齐牢固，保持垂直，无歪斜现象。

（5）走线架应保证电气连通，就近连接至室内保护接地排，接地线宜采用 35 mm² 黄绿色多股铜芯电缆。

5．机架设备安装

1）机架安装

机架安装前，应根据设计图纸尺寸画线定位，安装位置应满足施工图设计要求，并符合下述规定。

（1）需加固底座或机帽时，其规格、型号和尺寸应与机架相符，总体高度应与机房整体机架高度一致，漆色同机架颜色相同或相近。

（2）按照机架底角孔洞数量安装底脚螺栓，机架底面为 600 mm×300 mm 及其以上时应使用 4 只，机架底面在 600 mm×300 mm 以下时，可使用 2 只。

（3）机架的垂直度偏差应不大于 1‰，调整机架垂直度时，可在机架底角处放置金属垫片，最多只能垫机架的三个底角。

（4）一列有多个机架时，应先安装列头首架，然后依次安装其余各机架，整列机架前后允许偏差为±3 mm/m，机架之间的缝隙上下应均匀一致。

（5）机门安装位置应正确，开启灵活。

（6）机架、列架标志应正确、清晰、齐全。

2）子架安装

子架安装位置应满足施工图设计要求，并符合下述规定。

（1）子架与机架的加固应牢固、端正，满足设备装配要求，不得影响机架的整体形状和机架门的顺畅开合。

（2）子架上的饰件、零配件应装配齐全，接地线应与机架接地端子可靠连接。

（3）子架内机盘槽位应满足设计要求，插接件接触良好，空槽位宜安装空机盘或假面板。

3）机盘安装

机盘安装位置应满足施工图设计要求，并符合下述规定。

（1）安装前应核对机盘的型号是否与现场要求的机盘型号、性能相符。

（2）安插时应依据施工图设计中的面板排列图进行，各种机盘要准确无误地插入子架中相应的位置。

（3）插盘前必须戴好防静电手环，有手汗者要戴手套。

4）总配线架及各种配线模块安装

总配线架及各种配线模块的安装应满足施工图设计要求，并符合下述规定。

（1）总配线架底座位置应与成端缆上线槽或上线孔洞相对应。

（2）跳线环安装位置应平滑、垂直、整齐。

（3）总配线架滑梯安装应牢固可靠，滑轨端头应安装挡头，防止滑梯滑出滑道。

（4）滑轨拼接应平正，滑梯滑动应平稳，手闸应灵敏。

5）零附件安装

光、电、中继器设备机架，数字配线架（Digital Distribution Frame，DDF）、光纤配线架（Optical Distribution Frame，ODF）等所配置的各种零附件应按厂家提供的装配图正确牢固安装。ODF 上活动接头的安装数量和方向应满足设计及工艺要求，DDF 的端子板、同轴插座应牢固，不松动。

6）天线及塔上设备安装

天线及塔上设备的安装位置及加固方式、天线方位角和俯仰角均应满足施工图设计要求，并符合下述规定。

（1）天线及塔上设备安装应稳定、牢固、可靠。

（2）天线及塔上设备的防雷保护接地系统应良好，接地电阻阻值应符合工程设计要求。

（3）相关天线和设备应处于避雷针下 45°角的保护范围内。

（4）天线安装间距（含与非本系统天线的间距）应符合工程设计要求，全向天线收、发水平间距应不小于 3 m。

（5）在屋顶安装时，全向天线与避雷器之间的水平间距不小于 2.5 m，智能天线水平隔离距离应大于 2 m；全向天线离塔体间距应不小于 1.5 m。

6. 抗震加固

机架应按设计要求采用上梁、立柱、连固铁、列间撑铁、旁侧撑铁等连接件牢固连接，使之成为一个整体，并应与建筑物地面、承重墙、楼顶板及房柱加固，构件之间应按设计图要求连接牢固，并符合下述规定。

（1）通信设备顶部应与列架上梁可靠加固，设备下部应与地面加固，整列机架间应使用连接板连为一体；列架与机房侧房柱（或承重墙）每档应加固一次。

（2）机房的承重房柱应采用"包柱子"方式与机房加固件连为一体。

（3）列柜（头、尾柜）、支撑架或立柱应与地面加固。

（4）未装机的空列应在两端和中间设临时立柱支撑，中间立柱间距应为 2000～2500 mm；列间撑铁间距应在 2500 mm 左右，靠墙的列架应与墙壁加固。

（5）地震多发地区的列架还应考虑与房顶加固；铺设有活动地板的机房，机架不得加固在活动地板上，应加工与机架截面相符并与地板高度一致的底座，若多个机架并排，底座可做成与机架排列长度相同的尺寸。

（6）抗震支架要求横平竖直，连接牢固；墙终端一侧，如是玻璃窗户无法加固时，应使用长槽钢跨过窗户进行加固；加固材料可用 50 mm×50 mm×5 mm 角钢，也可用 5 号槽钢或铝型材，加工机架底座可采用 50 mm×75 mm×6 mm 角钢，其他特殊用途应根据设计图纸要求加固。

7. 缆线布放端接

1）电缆布放

电缆的规格、路由走向应满足施工图设计的要求，并符合下述规定。

（1）电缆应排列整齐，外皮应无损伤。

（2）电力电缆、信号电缆、用户电缆与中继电缆应分离布放。

（3）电源线、地线及信号线也应分开布放、绑扎，绑扎时应使用同色扎带。

（4）电缆转弯应均匀圆滑，转弯的曲率半径应大于电缆直径的 10 倍。

（5）线缆在走线架上应横平竖直，不得交叉；从走线架下线时应垂直于所接机柜。

（6）布放走道电缆可用浸蜡麻线（或扎带）绑扎；绑扎后的电缆应互相紧密靠拢，外观平直整齐，线扣间距均匀，松紧适度。

（7）布放槽道电缆可以不绑扎，槽内电缆应顺直，尽量不交叉；在电缆进出槽道部位和电缆转弯处可用塑料皮衬垫，防止割破缆皮，出口处应绑扎或用塑料卡捆扎固定。

（8）同一机柜不同线缆的垂直部分在绑扎时，扎带应尽量保持在同一水平面上；使用扎带绑扎时，扎带扣应朝向操作侧背面，扎带扣修剪平齐。

2）电缆成端

电缆成端应满足施工图设计的要求，并符合下述规定。

（1）电缆成端处应留有适当富余量，成束缆线留长应保持一致。

（2）电缆开剥尺寸应与缆线插头（座）的对应部分相适合，成端完毕的插头（座）尾端不应露铜。

（3）配线架侧制作缆线端头时应确保设备端与设备物理断开，芯线焊接应端正、牢固、焊锡适量，焊点光滑、圆润、不成瘤形。

（4）双绞线电缆应按照设计规定或使用需要采用直通连接或交叉连接方式制作的 RJ-45 插头（水晶头），并注意把芯线插入插头线槽的根部，用线钳将插头压实，用仪表测试合格后才可以使用。

（5）屏蔽网开剥长度应一致，并保证与连接插头的接线端子外导体接触良好。

（6）组装好的电缆线插头（座）应配件齐全、位置正确、装配牢固。

（7）当信号线采用绕接方式终端时，应使用绕线枪，绕线应紧密不叠绕，线径为 0.4～0.5 mm 时绕 6～8 圈，0.6～1.0 mm 时绕 4～6 圈。

（8）当信号线采用卡接方式终端时，卡线钳应与接线端子保持垂直，压下时发出回弹响声说明卡接完成，同时多余线头应自动剪断。

3）光纤（缆）布放

（1）光纤布放应满足施工图设计的要求，并符合下述规定。

① 收信、发信排列方式应符合维护习惯。

② 不同类型纤芯的光纤外皮颜色应满足设计要求。

③ 光纤宜布放在光纤护槽内，应保持光纤顺直，无明显扭绞；无光纤护槽时，光纤应加穿光纤保护管，保护管应顺直绑扎在电缆槽道内或走线架上，并与电缆分开放置；光纤从护槽引出宜采用螺纹光纤保护管保护。

④ 不可用电缆扎带直接捆绑无套管保护的光纤，宜用扎线绑扎或自粘式绷带缠扎，绑扎松紧适度。

⑤ 光纤活接头处应留一定的富余，余长应依据接头位置情况确定，一般不宜超过 2 m；光纤连接线余长部分应整齐盘放，曲率半径应不小于 30 mm。

⑥ 光纤必须整条布放，严禁在布放路由中间做接头。

⑦ 光纤两端应粘贴标签，标签应粘贴整齐一致，标识应清晰、准确、文字规范。

（2）室外光缆布放应满足施工图设计的要求，并符合下述规定。

① 冗余部分应整齐盘绕，并固定在抱杆（或靠近抱杆的走线架）上。

② 室外光缆布放时，禁止用力拉拽和弯折，禁止打开光缆接头上的保护盖和触摸纤芯。

③ 室外光缆在室内设备上方垂直悬空部分应使用尼龙搭扣缠绕，尼龙搭扣间距宜为 10～20 cm；室内走线架上应采用扎带绑扎方式。

④ 室外光缆在室外部分应采用皮线绑扎方式，先松紧适度地沿光缆缠绕 3～5 圈，再

将缠绕好的光缆固定在室外走线架每根横档上，皮线绑扎结扣应设置在走线架背面，结扣需修剪整齐。

⑤ 室外光缆从室外进入室内，可独立使用一个馈线孔，入室前应做防水弯；防水弯应与同期进入机房的馈线弯曲一致。

⑥ 室外光缆绑扎应顺直、整齐、美观，无交叉和跨越现象。

⑦ 光缆端头插接室外单元设备时，应对齐设备上的卡槽，再轻缓地将端头推入，并将光缆固定。

⑧ 光缆两端应安装标识牌，标识牌内容应统一且清晰明了；标识牌应用扎带挂在正面容易看见的地方，应保持美观、一致。

4）馈线安装

馈线的规格、型号、路由走向、接地方式等应满足施工图设计的要求，并符合下述规定。

（1）馈线进入机房前应有防水弯，防止雨水进入机房，防水弯最低处应低于馈线窗下沿。

（2）馈线弯曲应圆滑均匀，弯曲半径应大于或等于馈线外径的 20 倍（软馈线的弯曲半径应大于或等于其外径的 10 倍）。

（3）馈线衰耗及电压驻波比应满足工程设计要求。

（4）馈线与天线连接处、与设备侧软跳线连接处应有防雷器。

（5）馈线在室外部分的外屏蔽层应接地，接地线一端用铜鼻子与室外走线架或接地排可靠连接，另一端用接地卡子卡在开剥外皮的馈线外屏蔽层（屏蔽网）上，应保持接触牢靠并做防水处理，电缆和接地线应保持夹角小于或等于 15°；接地线的铜鼻子端应指向机房（或接地体入地）方向，并保持没有直角弯或回弯。

（6）馈线长度在 10 m 内时，需两点接地，两点分别在靠近天线处和靠近馈线窗处；馈线长度在 10～60 m 时，需三点接地，三点分别在靠近天线处、馈线中部垂直转水平处和靠近馈线窗处；馈线长度超过 60 m，每增加 20 m（含不足），应增加一处接地。

8. 加电测试

1）设备的通电检查

（1）通电前检查。通电前应卸下架内保险和分保险，检查架内电源线连接是否正确、牢固，有无松动情况。在机架电源输入端应检查电源电压、极性、相序。机架和机框内部应清洁，清除焊锡渣、芯线头、脱落的紧固件或其他异物。架内无断线混线，开关、旋钮、继电器、印刷电路板齐全，插接牢固。开关预置位置应符合说明书规定。各接线器、连接电缆插头连接应正确、牢固、可靠。接线端子插接应正确无误。

（2）通电时检查。通电时应先接通列保险，检查信号系统是否正常，有无告警。而后接通机架告警保险，观察告警信息是否正常。再接通机架总保险，观察有无异样情况。最后开启主电源开关，逐级接通分保险，通过鼻闻、眼看、耳听注意有无异味、冒烟、打火和不正常的声音等现象。电源开启后预热，无任何异常现象后，开启高压电源，加上高压电源应保持不跳闸。

上述机架加电过程中，应随时检查各种信号灯、电表指示是否符合规定，如有异常，应关机检查。安装机盘时，如发现个别单盘有问题，应换盘试验，确认故障原因。加电检查时，应戴防静电手环，手环与机架接地点应接触良好。

2）传输设备本机测试

光传输设备的本机测试主要是在设备安装完成后通过测试来检验设备的基本性能是否达到设计要求。

（1）测试仪器。在对光传输设备进行测试时，主要用到图案发生器、光功率计、信号分析仪、SDH 传输分析仪、可变和固定光衰耗器、多波长计、光谱分析仪、可调激光光源、偏振控制器、以太网分析仪等相关测试仪器。

（2）测试指标。对于 SDH 传输设备，主要测试的指标包括平均发光功率、发送信号波形、光接收机灵敏度和最小过载光功率、抖动特性等。

对于波分复用传输设备，根据不同的器件测试项目略有不同。波长转换器除上述 SDH 的测试项目外，还应增加中心频率与偏离、最小边模抑制比、最大 −20 dB 带宽；合波器需要测试插入损耗及偏差、极化相关损耗等；分波器在合波器测试项目上再增加信道隔离度测试；光纤放大器需要测试输入光功率范围、输出光功率范围和噪声系数；光监测信道还应单独测试光监测信道光功率、工作波长及偏差等。

对于 PTN（分组传送网）、OTN（光传送网）等适应分组数据传输的设备，其基于 PDH（准同步数字系列）、SDH 和 WDM（波分复用）的接口性能测试与上述设备相同，此外应增加与分组数据传输相关的测试指标。如：反映设备可以转发的最大数据量的指标——吞吐量；反映设备对数据包接收和发送之间延迟时间的指标——时延；反映设备在不同负荷下转发数据过程中丢弃数据包占应转发包比例的指标——过载丢包率；反映端口工作在最大速率时，在不发生报文丢失前提下，被测设备可以接收的最大报文序列的长度指标——背靠背；针对 ATM（异步传输模式）接口还需要测试端口环回功能、交换容量、信元传送优先级、信元丢弃优先级和最大流量。

3）传输系统测试

传输系统测试一般应在传输设备单机测试完成后进行，主要包括系统性能指标测试和系统功能验证两部分。

（1）测试仪表。在对传输系统测试时，主要用到光谱分析仪、多波长计、SDH 传输分析仪、以太网分析仪、数字传输分析仪等相关测试仪表。

（2）测试内容。对于波分复用传输系统，由于系统首先需进行各业务信道的信噪比优化，所以应首先进行信噪比测试。具体测试内容包括：DWDM（密集波分复用）、OTN 系统光信噪比测试和中心波长及偏差；OUT（输出接口）、SDH、PDH 各速率接口的输出抖动；SDH、PDH 各速率接口的数字通道系统误码测试和波分复用系统 STM-N（同步传送模块-N）光通道误码测试；DWDM、OTN 和 PTN 系统以太网链路时延和长期丢包率测试；PTN 系统 ATM 链路信元丢失率和信元差错率测试；DWDM、SDH、OTN、PTN 系统复用段和通道保护倒换业务中断时间测试；设备冗余保护功能验证；交叉连接设备功能验证和网管功能验证。

4）核心网设备测试

核心网设备在加电后，本机测试内容主要包括系统应具备上电、重启、备份转存、数据库备份功能；设备板卡配置、软硬件版本的核对；局数据配置的正确性；系统应具备的日常维护、诊断测试、远程维护、日志、各类告警功能。

系统测试内容主要包括功能测试、业务测试、性能测试、网管测试、系统安全测试及可靠性测试等。

5) 移动通信系统测试

（1）基站设备测试。对于基站设备的测试，在基站本机测试时需要对基站的站点参数表进行采集及核对，保证各个参数的真实有效，以便后期对基站的正常工作及基站维护、网络优化提供基本保障。基站工程参数表包含基站的工程参数信息，包括站名、站号、配置、基站经纬度、天线高度、天线增益、天线半功率角、天线方位角、俯仰角、基站类型等。上述参数大部分在网络设计、规划阶段已经确定，此时需要通过核实检查，保证参数与实际情况相一致。对于一些由于特殊情况进行调整过的参数，应进行修改登记，确保基站工程参数表内容为当前实际最新参数。

（2）基站天馈线测试。对基站天馈线测试主要就是针对天馈线电压驻波比的测试，应按照要求使用驻波比测试仪，要求驻波比小于等于 1.5。当前基站多采用将基站射频部分与天线同址安装，减少了传统基站设备到天线间全程馈线的连接方式，因此，在安装测试阶段，只需要对安装完跳线的天线各端口和 GPS 天馈线进行电压驻波比测试。

（3）网络测试。移动通信设备的网络测试主要是针对网络性能进行验证测试，测试内容包含网络功能和性能检验、呼叫质量测试和路测三项工作。网络测试可以为网络优化提供参考，可以及时发现和解决网络中存在的问题，提高网络质量和服务水平，网络测试一般在基站设备安装完毕并割接入网后，经过联网测试和工程优化，检查测试全部合格后，在初步验收阶段时进行。

3.3 通信电源设备安装工程施工技术

3.3.1 施工工序

通信电源设备安装工程的施工工序主要包括器材进场检验与施工测量、基础通道制作与安装、电源设备安装、电缆布放端接、防雷接地与抗震、通电与测试等，具体如图 3.2 所示。

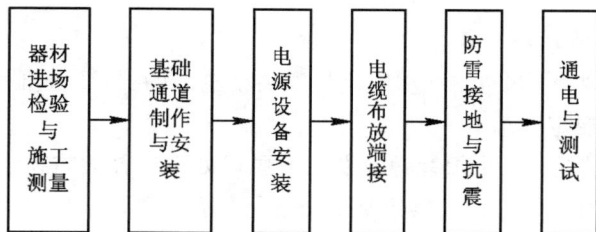

图 3.2 通信电源设备安装工程施工工序

3.3.2 施工技术

1. 器材进场检验与施工测量

通信电源设备安装工程中的设备、线缆、走线架（道）、设备机柜和铁件等的进场检验工序及其内容，施工测量的工作内容均与通信设备安装工程类似，具体可参考 3.2.1 节中的相关内容。

2. 基础通道制作与安装

1）塔架基础

塔架基础包括拉索、地锚和基础。塔架基础的类型和规模由将要安装的上部结构尺寸和高度来确定，应满足设计要求，并符合下述规定。

（1）需要混凝土基础的，该项土建工程必须在安装机组开始前 21 天完成。

（2）较小的上部结构部件不需要特殊的基础结构，但为了保证合适的拉索拉力，不同的土质条件需要不同的地锚设计，安装时应该严格按照设计施工。

（3）安装地锚时，应使地锚的指向与立柱呈 45°角，并与地面保持 100～200 mm 距离。

2）太阳能电池的基础

太阳能电池方阵架的基础、位置、尺寸、强度应满足设计要求，并符合下述规定。

（1）太阳能电池基础宜布置在机房屋顶或室外地面上，周围应无树木、遮挡物。

（2）电池输出线进入室内控制架的预埋穿线孔管应符合设计和施工要求。

3. 电源设备安装

1）电源设备安装

电源设备安装应符合下述规定。

（1）各种电源设备的规格、数量应符合工程设计要求，具备出厂检验合格证、入网许可证。

（2）电源设备的安装位置应符合工程设计图纸的规定，其偏差应不大于 10 mm。

（3）柜式设备机架安装时，应用 4 只 M10～M12 的膨胀螺栓与地面加固，机架顶部应与走线架上梁加固。

（4）设备工作地线要安装牢固，防雷地线与机架保护地线安装应符合工程设计要求。

（5）在抗震设防地区，走线架、设备安装必须按抗震要求加固。

2）电池架与蓄电池组的安装

电池架的材质、规格、尺寸、承重应满足安装蓄电池的要求，电池架排列位置应符合设计图纸规定以及下述规定。

（1）电池铁架安装后，各个组装螺钉及漆面脱落处都应补喷防腐漆。

（2）铁架与地面加固处的膨胀螺栓要事先进行防腐处理。

（3）蓄电池架应按设计要求采取抗震措施加固。

（4）所安装电池的型号、规格、数量应符合工程设计规定，并有出厂检验合格证及入网许可证；电池各列要排放整齐，前后位置、间距适当；电池单体应保持垂直与水平，底部四角应均匀着力，如不平整，应用耐酸橡胶垫实。

（5）安装固定型铅酸蓄电池时，电池标志、比重计、温度计应排在外侧（维护侧）；安装阀控式密封铅酸蓄电池时，应用万用表检查电池端电压和极性，保证极性正确连接；安装蓄电池组时，应根据馈电母线（汇流条）走向确定蓄电池正、负极的出线位置。

（6）酸性蓄电池不得与碱性蓄电池安装在同一电池室内。

3）太阳能电池组安装

太阳能电池组安装应符合下述规定。

（1）太阳能电池方阵采光面应按设计规定方向进行安装；多列方阵之间应有足够空间。

（2）太阳能电池支架所用金属材料必须经过防锈处理。

（3）太阳能电池支架四周维护走道净宽应不少于 800 mm，电池板组之间距离应不少于 300 mm，电池板块之间不少于 50 mm；太阳能电池支架的仰角应能人工或自动调整；太阳电池支架应有良好的接地和防雷装置。

（4）太阳能电池极板之间的电源连线以及进入室内太阳能电池组合电源架的太阳能电池组输出线应采用具有金属护套的电缆线，应布放整齐，走向合理，其金属护套在进入机房入口处应就近接地，并且芯线应安装相应电压等级的避雷器。

（5）太阳能电池极板安装完毕后，在天气晴朗或正常情况下，检查开路电压、短路电流应符合设计规定或产品说明书要求。

4）柴油发电机组安装

柴油发电机组安装应符合下述规定。

（1）机组安装应稳固，地脚螺栓应采用"二次灌浆"预埋，预埋位置应准确，螺栓规格宜为 M18～M20，外露一致，一般露出螺母 3～5 丝扣。

（2）机组与底座之间应按设计要求加装减振装置；安装在减振器上的机组底座，其基础应采用防滑铁件定位措施；对于重量较轻的机组，基础可用 4 个防滑铁件进行加固定位；对于 2500 kg 以上的机组，在机器底盘与基础之间，须加装金属或非金属材料的抗震器减振。

（3）油泵、油箱、水泵、水箱安装应牢固平直；油箱、水箱要按设计要求安装在指定位置，燃油管路安装应平直，无漏油、渗油现象。

（4）应按要求对柴油发电机的机组采取抗震加固措施。

（5）排烟管路应平直、弯头少，管路短；烟管水平伸向室外时，靠近机器侧应高于外伸侧，其坡度应在 0.5% 左右，离地高度一般应不少于 2.5 m；排烟管的水平外伸口应安装丝网护罩，垂直伸出口的顶端应安装伞形防雨帽。

（6）输油管路安装时，油泵与油管连接处应采用软管连接；在正常油压下不应有漏油、渗油现象。

（7）冷却水管路安装时，要平直、牢固，倾斜度应不大于 0.2%，且与流向一致；在正常压力下，不应有漏水、渗水现象。

（8）风冷柴油机进风管和排风管的安装应平直，高度应符合要求；吊挂要牢固，接头处应垫石棉线或石棉垫，不得漏气；应装有防尘等装置。

（9）埋于地下的钢管应采取防腐措施，穿越其他设备及建筑物基础时应加以保护。

（10）管路安装完毕，经检验合格后应涂一层防锈底漆和 2～3 层面漆。

（11）管路喷涂油漆颜色要求。

气管为天蓝色或白色；进水管为浅蓝色，出水管为深蓝色；机油管为黄色，燃油管为棕红色；排色管为银粉色；在管路分支处和管路的明显部位应标红色的流向箭头。

5）风力发电系统安装

风力发电系统安装应符合下述规定。

通信电源系统采用的风力发电机组的额定发电功率多数为 1 kW 级～10 kW 级，主要安装用拉索固定的柱式或桁架式风机。通信用小型风力发电机组安装之前，应该做好各种必要的准备工作。

装配塔架应按照塔架或机组制造商提供的说明书进行；应使用高强度构件，所有构件均需做防腐处理；如果需要将电源线放置在塔架内，应在塔架装配的同时进行布线；对提升塔架用的拉索要做好标记。

风力发电机组主要由轮毂、叶片、发电机、尾翼等部分组成，具体安装步骤及要求如下所述。

（1）电气连接。塔架中的电气线路通常经由一组汇流排连接至机舱，通常情况下，汇流排安装在风力机的回转体上。连接电气线路前，首先应核对各种电路的连线端子，然后为发电机回路和控制线路做标记。完成电气连接后，继续进行塔架里的布线，以确保在把风力机装上塔架过程中电路的安全性。

（2）安装主机座。若机舱与塔架之间设有主机座，应先将主机座安放在塔架顶端。安装时，须注意主机座与塔架中心对准，并旋紧固定螺栓以防止机舱振动。

（3）装配机头。按照说明书和图纸要求将轮毂、发电机和尾舵等组件、部件装配到一起。

（4）进行塔架内布线和测试。在安装风力机叶片之前应完成控制器的接线，便于通过手动方式让交流发电机旋转，用以测试交流发电机的相序或直流发电的极性。在发电机、控制器和整流器处都需标出电源线的相序或正负极，以备检查。

（5）安装风力机叶片。使轮毂朝上，开始安装叶片。注意测量各叶片间的角度和叶间距离，尽量减少安装误差，确保各叶片的节距和角度完全相等。任何微小的误差都会给机组带来振动和噪声。按照说明书和设计要求安装整流罩，并将尾舵固定在尾翼杆上。

（6）安装尾翼。按照说明书和设计要求，将尾翼安装在机舱后部。在连接回转轴承时应注意，对轴承的任何损坏都可能使风力机在遇到高风速时因无法收拢尾舵而限速。

（7）竖立塔架。为防止涡轮机转子旋转，在提升过程中应注意防止机组叶片转动。将牵引侧的拉索移至地锚。注意保护好每个钢缆和钢缆夹，在移动时保持每条钢缆上的张力。保持塔架水平，检验塔是否在所有方向上都是垂直的。对拉索张力做最后的调整，以确保塔架垂直度，收紧拉索，应在 2～3 个星期内检查拉索张力情况，并按照要求进行调整。

4. 电缆布放端接

1）馈电母线安装

母线安装位置应满足设计要求，并符合下述规定。

（1）安装牢固，保持垂直与水平，其水平度每米偏差应不大于 5 mm。

（2）穿过墙洞两侧的母线应分别用支撑绝缘子与墙体两侧加固；母线在上线柜内安装

时，应有支撑绝缘子与上线柜固定；母线在走线架上安装时，应有支撑绝缘子与走线架固定。

（3）馈电采用铜（铝）排敷设时，铜（铝）排应平直，无明显不平或锤痕。

（4）铜（铝）排馈电线正极应为红色油漆标志，负极应有蓝色标志，保护地应为黄色标志，涂漆应光滑均匀，无漏涂和流痕。

（5）母线在槽道中必须平行、水平安装，靠近设备侧为正极，靠近走道侧为负极；母线在走线架连固铁上必须上下水平安装，下端为正极，上端为负极。

（6）在有抗震要求的地区，母线与蓄电池输出端必须采用"软母线"连接条进行连接；穿过同层房屋防震缝的母线两侧，也必须采用"软母线"连接条连接；"软母线"连接条两侧的母线应与对应的墙壁用绝缘支撑架固定。

2）电源和信号线布放

电源和信号线布放应满足设计要求，并符合下述规定。

（1）布放电源线必须是整根线料，外皮完整，中间严禁有接头和急弯。

（2）沿地槽布放电源线时，电缆不宜直接与地面接触，可用橡胶垫垫底。

（3）10 mm^2 及以下的单股电源线宜采用打接头圈方式连接，打圈绕向与螺丝固紧方向一致，铜芯电源线接头圈应镀锡，螺丝和接头圈间应安装平垫圈和弹簧垫圈；10 mm^2 以上的电源线应采用铜（铝）鼻子连接，鼻子的材料应与电缆相吻合；铜鼻子的规格必须与铜芯电源线规格一致，剥露的铜线长度适当，并保证铜缆芯完整接入铜鼻子压接管内，严禁损伤和剪切铜缆芯线；安装在铜排上的铜鼻子应牢靠端正，采用合适的螺栓连接，并安装齐备的平垫圈和弹簧垫圈；铜鼻子压接管外侧应采用绝缘材料保护，正极用红色、负极用蓝色、保护地用绿黄色绝缘材料。

（4）电源线连接时应保持熔丝或空气开关断开，电缆接线端子（或端头）采用绝缘材料包裹严实，依次连接保护地、工作地和工作电源，先连接供电侧端子，后连接受电侧端子。

（5）电源线穿越上、下楼层或水平穿墙时，应预留"S"弯，孔洞应加装口框保护，完工后应用阻燃和绝缘板材料盖封洞口；电源线弯曲半径应符合规定，铠装电力电缆的弯曲半径不得小于外径的 12 倍，塑包线和胶皮电缆不得小于其外径的 6 倍。

3）室外电缆敷设

室外电缆的敷设应满足设计要求，并符合下述规定。

（1）室外直埋电缆敷设深度应根据工程设计而定；无规定时，一般深度应不小于 600 mm。

（2）遇有障碍物或穿越道路时应敷设穿线钢管或塑料管保护；钢管管径、壁厚、位置应符合施工设计图纸要求，管内应清洁、平滑。

（3）电源线穿越后，管口两端应密封。

（4）非同一级电压的电力电缆不得穿在同一管孔内。

5. 防雷接地与抗震

1）室外防雷

通信电源设备安装工程室外防雷应符合下述规定。

（1）各类局（站）等有室外设备的场所必须安装避雷针，避雷针必须高于金属部分最高点 1 m 以上，避雷针与避雷引下线必须良好焊接，引下线应直接与地网线连接。

（2）室外设备应该安装在 45°避雷区域内。

（3）室外线缆的金属护套应在顶端及进入机房入口处的外侧做保护接地，电缆内芯线在进站处应加装保安器。

（4）在架空避雷线的支柱上严禁悬挂其他各类含有金属成分的线缆。

（5）通信局（站）建筑物上的航空障碍信号灯、彩灯及其他用电设备的电源线，应采用具有金属护套的电力电缆，或将电源线穿入金属管内布放，其电缆金属护套或金属管道应每隔 10 m 就近接地一次。

（6）电源芯线在机房入口处应就近对地加装保安器。

2）供电系统避雷

（1）交流变压器避雷。交流供电系统应采用三相五线制供电方式为负载供电。当电力变压器设在站外时，宜在上方架设良导体避雷线。电力变压器高、低压侧均应各装一组避雷器，避雷器应尽量靠近变压器装设。

（2）电力电缆避雷。当电力变压器设在站内时，其高压电力线应采用地埋电力电缆进入通信局（站），电力电缆应选用具有金属铠装层的电力电缆或其他护套电缆穿钢管埋地引入通信局（站），电力电缆金属护套两端应就近接地。在架空电力线路与地埋电力电缆连接处应装设避雷器，避雷器的接地端子、电力电缆金属护层、铁脚等应并在一处就近接地。地埋电力电缆与地埋通信电缆平行或交叉跨越的间距应符合设计要求。严禁采用架空交、直流电力线引出通信局（站）。通信局（站）内的工频低压配电线，宜采用金属暗管穿线的布设方式，其竖直部分应尽可能靠近墙，金属暗管两端及中间应就近接地。

（3）电力设备避雷。通信局（站）内交直流配电设备及电源自动倒换控制架，应选用机内有分级防雷措施的产品，即交流屏输入端、自动稳压稳流的控制电路，均应有防雷措施。在市电油机转换屏（或交流稳压器）的输入端、交流配电屏输入端的三根相线及零线应分别对地加装避雷器，在整流器输入端、不间断电源设备输入端、通信用空调输入端均应按上述要求增装避雷器。在直流配电屏输出端应加装浪涌吸收装置。

3）太阳能电池与风力发电机组的防雷措施

（1）太阳能电池防雷措施。安装太阳能电池的机房顶平台，其女儿墙应设避雷带，太阳能电池的金属支架应与避雷带至少在两个方向上可靠连通，太阳能电池和机房应在避雷针的保护范围内。太阳能电池的输出地线应采用具有金属护套的电缆线，其金属护套在进入机房入口处应就近与房顶上的避雷带焊接连通，芯线应在机房入口处对地就近安装相应电压等级的避雷器。

（2）风力发电机组防雷措施。安装风力发电机组的无人站应安装独立的避雷针，且风力发电机和机房均应处于避雷针的保护范围内。避雷针的引下接地线、风力发电机的竖杆及拉线接地线应焊接在同一联合接地网上。风力发电机的引下电缆应从金属竖杆里面引下，并在机房入口处安装避雷器，防止感应雷进入机房。

4）接地装置的安装

新建局站的接地应采用联合接地方式。接地装置的位置、接地体的埋深及尺寸应满足施工图设计要求，并符合下述规定。

（1）接地体埋深上端距地面不应小于 700 mm，在寒冷地区应在冻土层以下。

（2）接地装置所用材料的材质、规格、型号、数量、重量等应符合工程设计规定，并尽量避免安装在腐蚀性强的地带。

（3）接地体和各部件连接应采用焊接，接地体连接线与接地体焊接牢固，焊缝处必须做防腐处理；接地体连接线若用扁钢，在接头处的搭焊长度应大于其宽度的 2 倍，圆钢应为其直径的 10 倍以上。

（4）由于裸铝易腐蚀，使用寿命短，所以在地下不得采用裸铝导体作为接地体或接地引入线。

（5）安装接地引入线的长度不宜超过 30 m，其材料为热镀锌扁钢或圆钢，截面不宜小于 40 mm×4 mm，当采用铜芯电缆时，铜导线截面积不小于 90 mm²；敷设的接地引入线在与公路、铁路、管道等交叉及其他可能使接地引入线遭受损伤处，均应穿管加以保护；在有化学腐蚀的地方还应采取防腐措施；裸露在地面以上的部分，应有防止机械损伤的措施。

（6）接地汇集装置的安装位置应符合设计规定，安装应端正，并应与接地引入线连接牢固，设置明显的标志。

5）接地系统的检查

一个完整的接地系统包括室内部分、室外部分及建筑物的地下接地网。接地系统室外部分包括建筑物接地、天线铁塔接地以及天馈线的接地，其作用是迅速泄放雷电引起的强电流。接地系统必须符合下述规定。

（1）接地线应尽可能直线走线，室外接地排应为镀锡铜排。

（2）为保证接地系统有效，不允许在接地系统中的连接通路设置开关、熔丝等可断开器件。

（3）埋设于建筑物地基周围和地下的接地网是各种接地的源头，其露出地面的部分称作接地极，各种接地铜排都要通过接地引入线连至接地极。

（4）室外接地点应采用刷漆、涂抹沥青等防护措施防止腐蚀。

6）抗震

通信电源设备安装工程抗震应符合下述规定。

（1）在有抗震要求的地区，母线与蓄电池输出端必须采用"软母线"连接条进行连接；穿过同层房屋防震缝的母线两侧，也必须采用"软母线"连接条连接；"软母线"连接条两侧的母线应与对应的墙壁用绝缘支撑架固定。

（2）在抗震设防地区，走线架、蓄电池架、柴油发电机组和各类设备安装必须按抗震要求加固。

6. 通电与测试

1）设备通电前的检验

设备通电前，应保证布线和接线正确，无碰地、短路、开路和虚焊等情况；机内各种插件应连接正确；机架保护地线连接可靠；设备开关、闸刀转换灵活、松紧适度，灭弧装置完好，熔断器容量和规格符合设计要求；机内布线及设备非电子器件对地绝缘电阻应符合技术指标规定，无规定时，应不小于 2 MΩ/500 V。

2）交流配电设备通电检验

交流配电设备通电检验包括如下内容。

（1）交流配电设备的避雷器件应符合技术指标要求。

（2）能自动（或人工）接通、转换市电和油机电源，并发出声、光告警信号。

（3）市电停电时能自动接通事故照明电路；市电恢复供电时应能自动（或人工）切断事故照明电路。

（4）输入、输出电压、电流测试值应符合指标要求。

（5）事故、市电停电、过压、欠压、缺相等自动保护电路应能准确动作并能发出声、光告警信号。

（6）本地和远地监控接口性能应正常。

3）直流配电设备通电检验

直流配电设备通电检验包括如下内容。

（1）输入及输出电压、电流测试值应符合指标要求。

（2）可接入两组蓄电池，"浮—均"充电转换性能应符合指标要求。

（3）过压、过流保护电路和输出端浪涌吸收装置功能应符合指标要求，电压过高/过低、熔断器熔断等声、光告警电路应工作正常。

（4）配电设备内部电压降应符合指标要求（屏内放电回路压降应不大于 0.5 V）。

4）直流—直流变换设备通电测试检验

直流—直流变换设备通电测试检验包括如下内容。

（1）变换器输入电压、输出电压、电流、稳压精度、输出杂音电平应满足技术指标要求。

（2）应有限流性能，限流整定值可在 $105\% \sim 110\%$ 输出电流额定值之间调整。

（3）变换器事故、过压、开路、欠流、过流或短路等保护电路应动作可靠，告警电路工作正常。

5）逆变设备通电测试检验

逆变设备通电测试检验包括如下内容。

（1）输入直流电压、输出交流电压、稳压精度、谐波含量、频率精度、杂音电流应符合技术指标要求。

（2）市电与逆变器输出的转换时间应符合技术指标要求。

（3）输入电压过高/过低、输出过压/欠压及过流、短路等保护电路动作应可靠，声、光告警电路工作正常。

6）开关整流设备通电测试检验

（1）整流模块工作参数设置和检验。

① 通电前应检查交流引入线、输出线、信号线、机柜内配线连接应正确，所有螺钉不得松动，输入、输出应无短路。

② 绝缘电阻应符合要求。

③ 接通交流电源，检查三相电压值应符合要求，观察通电后模块显示器信号、指示灯是否正常。

④ 按照技术说明书的要求，应对整流模块的工作参数进行设置和检验，检验的内容包括输入交流电压、电流，输出直流电压、电流，输出限流、均流特性，自动稳压及精度，浮

充、均充电压和自动转换，输出杂音电平等。

（2）监控模块告警门限参数设置和检验。

① 交流输入过压、欠压、缺相告警。

② 直流输出过压、欠压，输出过流、欠流告警。

③ 蓄电池欠压告警，蓄电池充电过流告警，负载过流告警，输出开、短路告警，模块熔丝告警。

④ 自动保护电路应动作准确，声、光告警电路应工作正常。

（3）其他性能的检查。

① 发电机组供电时应工作稳定，不振荡。

② 浮充/均充方式应能自动转换，输出应能自动稳压、稳流。

③ 同型号整流设备应能多台并联工作，并具有按比例均分负载的性能，其不平衡度不应大于 5% 输出额定电流值。

④ 功率因数、效率和设备噪声应满足技术指标要求。

⑤ 应能提供满足"三遥"性能要求的本地和远端监控功能接口。

7）太阳能电源控制架和太阳能电池检验

（1）交流配电单元的检查内容包括市电防雷装置应良好；当市电停电时，应能自动转换接通油机供电开关，并发出警示信号；交流输入、输出电压应符合出厂说明书要求。

（2）直流配电单元的检查内容包括直流供电回路，电压降不得大于 500 mV（从蓄电池熔断器输入端到负载熔断器输出端）；太阳能电池方阵各组输入应能根据太阳能电池能量大小自动接入或部分撤除；能自动为蓄电池浮、均充电；太阳能电池能量不足时，蓄电池应能自动接入，为负载供电；太阳能电池及蓄电池能量不足时，应能发出信号，启动市电或油机供电系统供电及浮、均充电。

（3）整流模块的检查内容包括输入电压、电流，输出电压、电流，浮、均充可调范围，限流，过压、过流、欠流指示，输出杂音。按"菜单"键和"确认"键，进行各种参数设置；经检测电气性能应符合技术指标要求。

（4）系统监控器的检查内容包括当母线电压低于 54 V 时，太阳能电池方阵应能逐组加入，直至 54 V 停止；当母线电压高于 56.6 V 时，太阳能电池方阵应能自动逐组撤除，直至 56.6 V；当母线电压低于 49.8 V 或蓄电池累计放出总量 5%～10% 时，应能自动启动油机供电或市电，使整流模块输出浮充电压，直到充满为止；当母线电压低于 48 V，或蓄电池累计输出容量 10%～20% 时，应能使整流模块输出均充电压，直到充满为止。

8）发电机组试机

发电机组试机应做试机前的检查空载试验、带载试验，监控开通后应能实现油机的自动启动、停机，自动调整输出电压、频率及故障显示、油位显示。

9）蓄电池的充放电

（1）铅酸蓄电池初充电。

① 充电前应检查蓄电池单体电压、温度、极性及电解液的密度（比重）是否符合设计要求，应无错极，无电压过低现象。

② 初充电期间（24 h 内）不得停电，如遇停电，必须立即启动发电机供电；新装蓄电池

应按照产品说明书规定的方法进行充电，充电电压应符合规定要求；充电期间，会产生大量氢气，当室内氢气含量超过 2％时，遇到明火就有可能引起爆炸，因此充电时，应严禁明火并保持空气的流通。

③ 正常情况下，阀控式密封铅酸蓄电池初充电压为 2.35 V，浮充电压为 2.23～2.28 V，均充电压为 2.23～2.35 V；在充电期间，应每 1～2 h 或在规定的时间间隔内，测量电池单体电压、电流、温度、电池组电压并做好记录；初充电结束时，电池电压连续 3 h 以上不变。

（2）铅酸蓄电池放电试验。

① 放电试验内容。放电测试应在电池初充电完毕，静置 1 h 后进行。放电用负载应安全可靠，易于调整。放电时应注意电流表指示，逐步调整负载，使其达到所需的放电电流值。放电开始时应立即测试电池组总电压、单体电压、总电流，并记录开始时间。以后每 1～2 h 测试一次电池组的总电压、单体电压、总电流、温度，当出现个别电池单体电压降至 1.9 V 以下时，应每 15 min 测试一次。初放电电流应符合电池出厂技术说明书的规定。无规定时，铅酸蓄电池以 10 小时率放电，放电 3 h 后，即可用电压降法测试电池内阻，内阻值应满足要求。

② 放电的要求。为了防止放电过量，初次放电每个单体电池的终了电压都应不小于 1.8 V，电解液密度（比重）应满足产品说明书的要求。电池放电完毕，应及时在 3 h 内以 10 小时率进行二次充电，直至电流、密度（比重）和电压 5～8 h 稳定不变，极板剧烈地冒泡为止。当采用电池内阻衡量电池质量时，以 10 小时率放电 3 h 后的电池内阻应符合技术要求；当采用放电量实测电池容量时，以 10 小时率放电至出现单体电压为 1.83 V 时，初充电后放电容量应大于或等于额定容量的 70％。初次安装的新电池组若连续进行三次 10 小时率充放电，放电容量出现小于额定容量的 80％时，最先跌落到 1.83 V 的为落后电池，应更换落后电池后重新测试，直至整组电池满足要求。电池容量与温度有关，充放电期间电池温度宜为 20±10℃，不得超过 45℃。

（3）阀控式密封铅酸蓄电池的充放电。

阀控式密封铅酸蓄电池在使用前应检查各单体的开路电压，若低于 2.13 V 或储存期已达到 3～6 个月，则应运用恒压限流法进行均衡充电，或按说明书要求进行。均衡充电单体电压宜取 2.35 V，充电电流取 10 小时率，充电终期单体电压宜为 2.23～2.25 V。若连续 3 h 电压不变，则认为电池组已充足。蓄电池充放电对蓄电池的使用寿命影响很大，故应严格遵守产品技术说明书的技术规定。过充、过放都会使电池极板弯曲变形或活性物质脱落，造成蓄电池损坏。

正常使用过程中，出现下列条件之一应终止放电并及时进行补充电：

① 对于核对放电试验，放出额定容量的 30％～40％。

② 对于容量试验，放出额定容量的 80％。

③ 电池组中任意单体达到放电终止电压。

如果阀控式蓄电池放电次数少或放电量小，且又不连续放电时，可 3～6 个月进行一次均衡充电，均充电量应达到放出电量 120％以上，否则会影响电池容量的恢复。

10）接地电阻测试

接地系统建设完成后应对接地电阻进行测试，测试值应满足设计要求。

本 章 小 结

　　施工是信息通信工程从设计图纸到运行实体的关键转化环节，涉及线路敷设、设备安装以及系统调试等工序。施工技术直接影响工程质量与网络性能，施工效率提升决定行业竞争力，施工工艺创新推动产业升级，智能化、精细化的施工将成为数字化时代信息通信网络建设的核心驱动力。

　　本章在概述信息通信工程施工定义及其作用的基础上，详细介绍了通信设备安装工程的施工工序及施工技术、通信电源设备安装工程的施工工序及施工技术。通过本章的学习，能够全面理解施工在信息通信工程建设中的作用，重视信息通信技术与工程实践的结合。在学习过程中应注重强化规范及安全意识，培塑精益求精的工匠精神。

思 考 题

　　1. 结合生活中的房屋装修，简述施工的定义及其作用。

　　2. 试分析设备安装工程中器材进场检验的必要性。

　　3. 通信设备安装工程中的基本施工工序是什么？

　　4. 通信电源设备安装工程中的基本施工工序是什么？

　　5. 检索并搜集通信机房防雷与接地的相关标准规范。

　　6. 检索并搜集设备安装工程抗震的相关标准规范。

　　7. 扩展学习光缆线路工程的相关知识，概括其基本施工工序。

　　8. 扩展学习通信管道工程的相关知识，概括其基本施工工序。

　　9. 如何看待"大模型让'白领'失业、机器人使'蓝领'下岗"的说法？未来信息通信工程建设中的设计及施工人员将何去何从？

　　10. 结合自身学习（从事）专业，思考需要学习与补强哪些知识才能面对日新月异的社会进步。

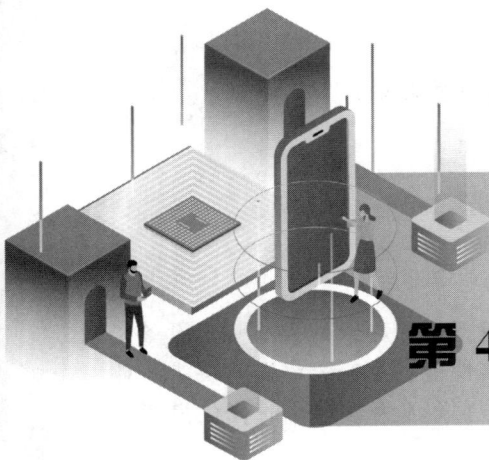

第 4 章　信息通信工程监理

建设单位在组织信息通信工程项目建设过程中，依据国家和行业相关建设法规要求，为规范信息通信工程建设的组织流程，约束和督导施工单位严格按照合同约定的建设内容，确保建设工程项目按照既定的推进计划组织实施，有效提高工程建设的质量效益，通过招标委托或直接委托具有信息通信工程行业监理资质的单位，代表建设单位对建设过程进行监督和组织管理。本章将概述工程监理的概念、范围，工作的方式、内容以及方法，施工准备与施工阶段的监理工作，重点介绍信息通信工程建设项目的质量控制、进度控制、投资控制、安全管理、合同管理、信息管理以及组织协调。

4.1　建设工程监理概述

4.1.1　建设工程监理的概念

《建设工程监理规范》明确：建设工程监理是指工程监理单位受建设单位委托，根据法律法规、工程建设标准、勘察设计文件及合同，在施工阶段对建设工程质量、进度、造价进行控制，对合同、信息进行管理，对工程建设相关方的关系进行协调，并履行建设工程安全生产管理法定职责的服务活动。

对于建设工程监理概念的理解，需重点把握下述三个方面。

1）建设工程监理的行为主体

建设工程监理的行为主体是工程监理企业，区别于建设行政部门的监督管理，其行为主体是政府的职能部门，任务、职责、内容均不同于工程监理企业。

2）建设工程监理的实施前提

工程监理企业在实施工程监理行为时，需要建设单位的委托和授权。工程监理企业应根据委托监理合同和工程建设项目合同的规定实施监理行为。而施工企业根据法律、法规有关规定及与建设单位签订的工程建设合同规定，接受工程监理企业对其建设行为的监督管理，施工企业配合监理企业对其实施的监督管理是履行工程建设合同的表现。

3）建设工程监理的实施依据

建设工程监理的实施依据主要包括工程建设文件、相关法律法规规章和标准规范，建设工程委托监理合同和有关的工程建设项目合同。具体如下所述：

（1）工程建设文件包括批准的项目建议书、可行性研究报告，批复的勘察设计文件、规划许可文件、施工许可证等。

（2）法律文件包括《中华人民共和国建筑法》《中华人民共和国民法典》《中华人民共和国招标投标法》等。

（3）行政法规包括《建设工程质量管理条例》《建设工程安全生产管理条例》等。

（4）规章包括《工程建设标准强制性条文》等。

（5）标准规范包括《建设工程监理规范》(GB/T 50319—2013)等。

4.1.2　建设工程监理的意义

实践证明，建设工程监理机制在工程建设中发挥着越来越重要的作用，随着建设工程监理工作的规范化及其在工程建设领域中产生的积极效应，建设工程监理制度已受到业界广泛关注和普遍认可。其意义主要体现于下述四个方面。

（1）有利于提高建设工程投资决策科学化水平。建设工程监理单位可协助建设单位选择适当的工程咨询机构，管理工程咨询合同，并对咨询结果（如项目建议书、可行性研究报告）进行评估，提出有价值的修改意见和建议；建设工程监理单位也可以直接从事工程咨询工作，为建设单位提供建设方案。建设工程监理单位参与或承担项目决策阶段的监理工作，有利于提高项目投资决策的科学化水平。

（2）有利于规范工程建设各参与方的建设行为。建设工程监理机制贯穿于工程建设的全生命周期，采用事前、事中和事后控制相结合的方式。一方面，可有效地规范各参与方的建设行为，最大限度地避免不当建设行为的发生，或最大限度地减少其不良后果；另一方面建设工程监理单位可以向建设单位提出适当建议，从而对各参与方的不当行为起到一定的约束作用。

（3）有利于保证工程建设质量及其使用安全。建设工程监理单位对承建单位建设行为的监督管理实际上是以建设单位代表的身份，从建设单位的视角对建设生产过程的监督管理。监理人员既懂工程技术又懂经济管理，他们有能力及时发现建设过程中出现的问题，发现工程材料、设备以及阶段性工作存在的问题，从而避免留下工程质量隐患。

（4）有利于实现建设工程投资效益最大化。建设工程监理单位可协助建设单位在满足建设工程预定功能和质量标准的前提下，使建设工程的成本费用最低，最终实现建设工程本身的投资效益与环境、社会效益的综合效益最大化。

4.1.3　监理单位与各方关系

在建设工程施工阶段，建设单位、勘察设计单位、施工单位和监理单位等各类行为主体，共同形成了一个完整的建设工程组织关系，各自承担工程建设的责任和义务，而监理单位在其中发挥着重要的协调作用。

1. 监理单位与建设单位的关系

监理单位与建设单位是平等的合同关系，是委托与被委托的关系。监理单位所承担的权利和义务由双方事先按平等协商的原则确定于合同之中，委托监理合同经签订生效后，建设单位不得干涉监理工程师的正常工作，而监理单位应依据监理合同中约定的权力范围行使职责，独立公正地开展监理工作。

监理单位在工程建设实施过程中，是独立的第三方，当建设单位与施工单位在执行建设工程施工合同过程中有争议时，应当按照公平、公正的原则进行处理，不能偏向任何一方。

2. 监理单位与设计单位的关系

监理单位、设计单位分别与建设单位建立独立的合同关系，两者之间没有直接的合同关系。

监理单位应对施工图设计进行监督和管理，确保其质量及完整性。监理人员应对施工图设计进行全面审核和评估，发现并及时纠正其中存在的问题和缺陷，并协调和督导设计人员将设计意图正确传递给施工人员。在审核工程变更设计过程中，监理人员需要对提请人（承包人或发包人等）提出的变更申请进行研究判断，经确认需要变更的，提请建设单位同意后，通知设计单位出具设计变更图纸。

3. 监理单位与施工单位的关系

监理单位与施工单位之间不存在合同关系，但监理单位与施工单位之间是监理与被监理的关系。施工单位在施工过程中，必须接受监理单位的监督管理，并为监理单位开展工作提供便利，按照要求提供完整的原始记录、检测记录等资料；监理单位应为项目的实施创造条件，按计划做好监理工作，并按照国家有关规定及授权对施工单位实施监督管理。

在工程项目实施过程中，监理单位监督建设工程施工合同的执行情况，不直接承担工程项目建设中工程进度、工程造价以及工程质量的责任和风险。

4.1.4 建设工程监理范围和工作方式

1. 监理范围

依据《建设工程监理范围和规模标准规定》（中华人民共和国建设部令 第86号），下述建设工程必须实行监理。

（1）国家重点建设工程。

（2）大中型公用事业工程。

（3）成片开发建设的住宅小区工程。

（4）利用外国政府或者国际组织贷款、援助资金的工程。

（5）国家规定必须实行监理的其他工程。

2. 工作方式

监理单位在组织实施监理工作过程中常用的监理工作方式，主要包括旁站、巡视和平行检验三种。

（1）旁站。旁站是指监理单位对工程的关键部位或关键工序的施工质量进行的监督活动。

（2）巡视。巡视是指监理单位对施工现场进行的定期或不定期的检查活动。

（4）平行检验。平行检验是指监理单位在施工单位自检的同时，按有关规定、建设工程监理合同约定对同一检验项目进行的检测试验活动。

4.1.5　建设工程监理工作内容及工作方法

1．工作内容

1）实施阶段前期

实施阶段前期，建设工程监理的工作主要包括如下内容。

（1）组建工程监理项目组。

（2）与业主建立联系和沟通。

（3）组织工程项目准备会。

（4）了解设计单位工作情况。

2）设计会审阶段

设计会审阶段，建设工程监理的工作主要包括如下内容。

（1）对照设计文件分发表，确认各单位会审前按时、按量收到设计并将分发情况汇报给建设单位。

（2）主动联系各参与方、分建设单位工程负责人，收集其意见，并将意见书面分类登记，及时反馈给各相关单位，尤其是建设单位。

（3）组织监理项目部内人员进行设计文件内审，提出监理的专业意见。

（4）总监理工程师或总监理工程师代表在征询建设单位意见后协助组织设计会审，同步了解、落实工程施工前开工条件。

3）施工准备阶段

施工准备阶段，建设工程监理的工作主要包括如下内容。

（1）了解主设备及配套设备、材料到货时间以及到货方式，将分屯表、到货时间分别告知厂家和安装单位、建设单位以及施工单位。

（2）要求厂家提供相关货物到货清单，并与施工及设计单位共同进行核查，将存在问题形成核查书面意见，报送厂家和建设单位，督促厂家完善和改进。

（3）通知、落实各地接收人和分屯地点，做好交接清点登记手续，落实好搬运费用和二次运输费用。

（4）落实设备、材料到货后的保管问题，做好移交保管登记手续。

（5）编制、出版监理规划以及监理实施细则，审查施工组织设计方案以及相关技术方案两项内容。

（6）组织召开第一次工地例会。

（7）组织开箱验货。

4）工程施工阶段

工程施工阶段，建设工程监理的工作主要包括如下内容。

（1）组织开工。

（2）建立监理信息系统。

（3）沟通图纸信息。

（4）组织工地例会。

（5）对隐蔽工程进行旁站监理。

（6）组织施工用款计划调度。

（7）组织割接、资源调度。

（8）巡视各工地现场，及时发现、提出和处理问题。

5）工程验收阶段

工程验收阶段，建设工程监理的工作主要包括如下内容。

（1）组织工程验收准备工作。

（2）组织预验收。

（3）召开验收预备会。

（4）验收并处理存在问题。

（5）召开验收总结会。

2．工作方法

建设工程监理的工作方法可以概括为"三控三管一协调"，即建设工程项目的质量控制、进度控制、投资控制，安全管理、合同管理、信息管理以及组织协调。

1）质量控制

质量控制是指监理单位作为监控主体，依据法律法规、技术标准及合同约定，对工程建设全过程（尤其是施工阶段）的质量实施监督与管理的系统性活动，其核心目标是确保工程满足使用功能、设计要求及国家规范标准。工程建设的不同阶段，对工程质量的形成有着不同的作用和影响，同时人员素质、工程材料、施工设备、工艺方法、环境条件也都影响着工程质量。

2）进度控制

进度控制是指针对建设工程项目各建设阶段的工作内容、工作程序、持续时间和衔接关系，监理单位根据进度总目标及资源优化配置的原则，编制计划并付诸实施，然后在进度计划的实施过程中经常检查实际进度是否按计划进行，对出现的偏差情况进行分析，采取有效的补救措施，修改原计划后再付诸实施，如此循环，直到建设工程项目竣工验收交付使用。建设工程进度控制的总目标是建设工期，影响建设工程进度的不利因素很多，如人为因素、设备、材料及构配件因素、机具因素、资金因素、水文地质因素等。

3）投资控制

投资控制是指监理单位在建设工程项目的投资决策阶段、设计阶段、施工阶段以及竣工阶段，把建设工程投资控制在批准的投资限额内，随时纠正发生的偏差，以保证项目投资管理目标的实现,力求在建设工程中合理使用人力、物力、财力,取得较好的投资效益和社会效益。投资控制贯穿于项目建设的全生命周期,是动态的控制过程。要有效地控制投资项目,应从组织、技术、经济、合同与信息管理等多方面采取措施。

4) 安全管理

安全管理是指监理单位依据法律法规、工程建设强制性标准及合同约定,对施工过程中的安全生产活动进行监督、检查、控制和协调的一系列管理活动。其核心目标是预防安全事故、保障人员生命财产安全,并确保工程质量和进度。

5) 合同管理

合同管理是指监理单位对工程项目全过程中涉及的各类合同(如施工合同、材料设备采购合同等)进行系统性管理,以确保合同条款的有效执行、维护各方权益并实现工程目标控制。

6) 信息管理

信息管理是指在工程建设全过程中,监理单位通过系统化的手段对各类信息进行收集、加工、存储、传递和应用的管理活动,其核心目标是确保信息的准确性、时效性和系统性,为监理决策提供支持,并保障工程项目的质量、进度和安全控制。工程监理信息管理是日后查证工程项目建设过程的重要依据,是对工程建设过程中的信息资源进行妥善规划、组织和控制的一项重要的工程组织活动。

7) 组织协调

组织协调是指监理机构通过沟通、协商等方式,解决工程建设过程中各方之间的矛盾和问题,确保项目目标顺利实现。具体包括协调业主、施工单位、设计单位、政府职能部门等各方关系,处理进度、质量、合同争议、资源调配等问题,以保障工程顺利进行。监理单位具备最佳的组织协调能力,一是监理单位受建设单位委托授权,具有监理合同及有关法律、法规授予的权利;二是监理人员有技术,会管理,懂经济,通法律,比建设单位的管理人员具备更高的专业素养,管理能力和监理经验。

4.2　信息通信工程施工准备阶段监理工作

信息通信工程施工准备阶段的监理工作任务重、头绪多,不但要落实设备材料的到货、保管及验货,还要协调各参与方做好开工准备,本节重点介绍监理规划的编制以及施工前的审查工作。

4.2.1　编制监理规划

1. 监理规划编制

1) 监理规划的主要作用

监理规划是监理单位指导开展监理工作的纲领性文件,其主要作用包括下述三个方面。

（1）监理规划是监理单位全面组织开展监理工作的实施计划。

（2）监理规划是监理单位实施监督管理的重要依据。

（3）监理规划是建设单位确认监理单位履行工程建设监理委托合同的重要判据。

2）监理规划的编制要求

（1）编制时机。监理单位在签订监理合同后，应按照委托人的要求及合同约定，及时组织编制监理规划。

（2）编制主体。监理规划应由建设工程项目总监理工程师负责编制，专业监理工程师可共同参与制订。

（3）编制依据。建设工程项目监理单位在收到信息通信工程项目的设计文件后，针对项目的目标、技术、管理、环境以及各参与方的情况，依据建设工程相关的法律、法规，项目的审批文件、技术标准、技术资料、设计文件、监理大纲、监理合同以及施工合同明确的有关要求等进行监理规划的编写。

（4）编制内容。监理单位应根据合同约定和监理工作有关规定要求，明确具体的工作内容、工作方法、监理措施、工作程序和工作制度，具体内容可参考《建设工程监理规范》（GB/T 50319—2013）。

（5）审批权限。监理规划编制完毕后，需经监理单位技术负责人审批，并在召开第一次工地会议前报送建设单位确认。在监理工作实施过程中，如实际情况发生较大的改变（如设计方案发生变更、承包方式发生变化等），总监理工程师应及时召集专业监理工程师对监理规划进行修改，并按原程序报送建设单位确认。

2. 监理实施细则编制

监理单位在完成监理规划的编制后，如需对某些项目开展更加详细、更具操作性的监理工作，应根据监理规划等制定具体的监理实施细则。

（1）监理实施细则是在监理规划指导下，在落实了各专业监理职责后，由专业监理工程师针对本专业具体情况制订的更具有实施性和可操作性的业务文件。对中型及以上或专业性较强的工程项目，监理机构必须编制监理实施细则；对项目规模较小、技术简单、管理经验较成熟的工程，监理规划可以起到监理实施细则的作用，不需另外编写。

（2）监理实施细则可根据工程开展情况分阶段编制，在分项工程或单位工程施工前，由专业监理工程师编制并经总监理工程师批准。其编制的依据包括已批准的监理规划，与工程相关的标准规范、设计文件、技术资料以及施工单位的施工组织设计（方案）。

4.2.2 施工前审查

为充分做好施工前的准备工作，监理单位应在施工前开展下述审查工作。

1）审查施工组织设计（方案）

对施工单位报送的施工组织设计（方案）进行全面审查，重点检查组织机构配置情况、质量控制手段措施、工程建设进度计划执行情况，并对施工组织设计（方案）的可操作性和科学合理性进行全面分析研判。

2）审查质量管理体系

对现场管理机构的质量管理体系、技术管理体系和质量保证体系进行全面审查，确认体系对保证工程项目施工质量的有效性，审查质量管理、技术管理和质量保证的组织机构设置、人员配备、职责分工以及落实情况。

3）审查施工单位资质

对施工单位的施工资质、项目管理机构人员执业资质、施工技术人员专业资质以及参与项目的人员政审材料、保密审查材料等进行细致审查。同时，根据工程项目实施需要审查分包单位资格。

4）审查开工条件

检查施工单位对施工环境与条件方面的准备情况，主要包括"三通一平"条件是否具备，施工队伍是否配备到位，施工方案是否编制完成，施工人员是否熟悉施工方案，安全生产管理体系是否建立，安全防护措施是否落实到位，安全生产教育是否完成，工程所需的各类作业条件是否均已具备。

5）审查施工图纸

设计单位完成施工图设计后，在交付施工前，需要将设计意图向监理单位和施工单位做出详细说明，监理单位详细审查施工图纸，了解工程特点，找出需要解决的技术难题，有针对性地做好监理规划。

6）审查物资器材到货

对工程所需的物资、器材供应保障情况进行审查，查验物资是否符合合同和质量要求，检查供货周期是否满足工期进度。

7）审查施工机具、仪表和设备

审查项目所需的机具、仪表、设备数量是否已齐全，质量和安全使用管理制度是否已落实到位，机械设备操作人员是否具备操作上岗证书等。

4.3　信息通信工程施工阶段监理工作

4.3.1　施工阶段的质量控制

1. 质量控制概述

质量控制按工程质量的形成过程，由各个阶段的质量控制组成，不同阶段的质量控制内容各不相同。施工阶段的质量控制包括两个方面：一是择优选择能保证工程质量的施工单位；二是严格监督施工单位按照设计图纸进行施工，并形成符合合同文件规定质量的最终建设产品。

质量控制的依据主要包括合同文件，设计文件，国家及政府有关部门颁发的有关质量管理的法律、法规性文件以及有关质量检验与控制的专门技术法规性文件。

2. 质量控制的主要工作

1）事前控制

事前控制也即施工准备控制，是指在正式施工前，监理单位对各项准备工作及影响的各因素进行控制，这是确保施工质量的先决条件。

（1）图纸会审与设计交底。图纸会审是指监理单位组织施工单位以及建设单位，材料、设备供应商等相关单位，在收到审查合格的施工图设计文件后，在设计交底前进行的全面细致地熟悉和审查施工图纸的活动，旨在解决图纸中存在的问题和需要解决的技术难题。

设计交底是指在施工图纸经审查合格后，设计单位在设计文件交付施工时，按法律规定的义务，就施工图设计文件向施工单位和监理单位做出详细的说明。设计交底旨在向施工单位和监理单位正确贯彻设计意图，使其加深对设计文件特点、难点、疑点的理解，掌握关键工程部位的质量要求，确保工程质量。

图纸会审应由施工单位整理会议纪要，设计交底应由设计单位整理会议纪要，如分期分批供图，应通过建设单位确定分批进行设计交底的时间安排。经设计单位、建设单位、施工单位和监理单位签认后分发到各方。图纸会审与设计交底中涉及设计变更的，还应按照监理程序办理设计变更手续。设计交底会议纪要、图纸会审会议纪要一经各方确认，即成为施工和监理的依据。

（2）检测单位审核。对于对外委托的检测项目，施工单位应填写《检测单位资格报审表》，将拟委托检测单位的营业执照、企业资质等级证书、委托测试内容等有关资料报送监理单位，专业监理工程师审核合格后，予以签认。

施工单位利用本企业检测机构时，应将检测机构的资质、检测范围，检测设备的规格、型号、数量及定期检定证明（法定计量检测部门），检测机构管理制度，检测员资格证书等有关资料报送监理单位，专业监理工程师审核合格后予以确认。

（3）现场施工条件检查。信息通信工程建设项目现场施工时，重点检查通信线路单位工程的线路施工条件、通信管道单位工程的路由施工条件以及通信设备安装单位工程的通信机房条件。

① 通信线路单位工程的线路施工条件检查主要包括通信线路路由是否协调到位，各级政府主管部门批件及外单位协议是否齐全，施工单位的施工许可证、道路通行证是否已办妥，通信器材、设备集中点是否选定且条件是否满足要求。

② 除上述通信线路单位工程要求的内容外，通信管道单位工程的路由施工条件应重点检查施工路由沿途影响施工的障碍物，例如对地下的各种管道，路面上的树木、电杆、建筑物进行复查处理，以免影响施工。

③ 对于通信设备安装单位工程的通信机房条件，专业监理工程师应要求施工单位按照通信机房建设标准及设计文件的具体标准对已竣工验收的机房，按照表 4.1 中前两项规定的内容进行检查，符合装机条件及安全要求时，应共同签认检查表后方可开始机房设备的安装施工。

表 4.1　通信设备安装单位工程施工准备阶段检查、复核内容

序号	检查项目	检查、复核内容	检查/复核标准
1	机房装机条件	土建已竣工并验收合格； 机房的温/湿度、洁净度、通风； 市电、照明、电源及信息插座； 地面平整、稳固；预留孔洞及预埋件； 设备地线引入、敷设，接地电阻	满足设计文件的要求
2	机房安全	机房荷载； 机房建筑防火、消防器材性能及装修材料的燃烧性能，机房内严禁存放易燃、易爆等危险物品； 在抗震地区通信机房的抗震设防要求； 机房建筑的防雷接地和接地电阻； 机房防水	满足设计文件的要求
3	天馈线安装条件	加挂或拼装天线的支架（含抱杆）安装位置和高度； 馈线、波导管的爬梯及过桥走线架； 避雷针的安装位置及高度； 防雷接地电阻	满足设计文件的要求
4	施工人员资格	特种作业人员的资格证； 安全生产管理人员的《安全生产考核合格证书》	
5	进场机具仪器仪表	进场施工机具的检查合格证； 仪器、仪表的检定合格证	

2）事中控制

事中控制也即施工过程控制，是指对每个工序的完成过程、顺序和结果的质量控制。事中控制主要包括对作业技术活动运行状态、工程变更、质量控制点、质量记录资料、工程例会、停/复工指令以及作业技术结果的管控。

（1）作业技术活动运行状态。施工过程是由一系列相互联系和制约的作业技术活动所构成的。作业技术活动会受到施工人员、施工材料、施工方法、施工流程、设计变更、环境变化等诸多因素的影响，因此保证作业技术活动的效果与质量是施工过程质量控制的基础。

作业技术活动状况的检查包括施工单位的自检和专检以及监理工程师的检查。监理工程师的质量检查和验收是对施工单位作业活动质量的复核与确认。监理工程师的检查绝不能代替施工单位的自检，必须是在施工单位自检并确认合格的基础上进行的。

（2）工程变更。在施工过程中，前期勘察设计的原因，或外界自然条件的变化、施工工艺方面的限制、建设单位要求的改变等，均会导致工程变更。做好工程变更的控制工作，也是作业过程质量控制的一项重要内容。

（3）质量控制点。质量控制点是指在施工过程中为确保工程质量而确定的重点控制对象、关键部位或薄弱环节。以通信线路单位工程为例，监理单位在施工现场应按表 4.2 中列出的各项质量控制点对施工质量进行控制。

表 4.2　通信线路单位工程质量控制点

项目	质量控制点	检验方式
器材检验	光缆、接头盒等器材的外观、规格、数量； 光缆单盘检验测试	检查
直埋光缆	路由复测、光缆配盘； 光缆沟开挖； 光缆埋深及沟底处理； 光缆敷设； 光缆与其他地下设施间距； 引上管及引上光缆安装； 防雷、防强电装置安装	巡视
	回填土夯实	旁站
	沟坎加固等保护措施； 防护设施规格、数量及安装位置； 光缆接续、接头盒或套管安装及保护； 标石埋设	巡视
管道光缆	路由复测、光缆配盘； 光缆占用管孔及子管位置核实； 光缆、子管敷设； 光缆接续、接头盒或套管安装及保护； 人孔内光缆保护及标识牌	巡视
架空光缆	路由复测、光缆配盘； 立杆洞深、地锚深度； 立杆质量； 吊线安装； 光缆敷设； 光缆接续、接头盒或套管安装及保护； 防雷、防强电装置安装； 光缆与其他设施间隔及防护措施； 光缆警示宣传牌安装	巡视

项　目	质 量 控 制 点	检验方式
水底光缆	路由复测、光缆配盘； 水底光缆沟开挖； 光缆水下埋深、保护措施； 光缆敷设； 光缆接续、接头盒或套管安装及保护； 光缆岸滩位置埋深及预留安装； 沟坎加固等保护措施； 水线标志牌安装	巡视
局内光缆	路由复测、光缆配盘； 光缆敷设； 光缆接续、接头盒或套管安装及保护； 光缆成端安装； 局内光缆标识； 光缆进局做好防水、防火封堵	巡视
	光缆防雷地、光纤配线架保护地安装	旁站
中继段测试	通道总衰耗、衰耗系数测试； 后向散射曲线、偏振模色散测试； 直埋光缆对地绝缘测试	旁站
光交接箱等 线路设备	设备安装位置符合设计要求； 室外设备环境要求：高强度、抗冲击、耐腐蚀、保温隔热检查； 底座安装可靠牢固检查； 室外设备防雷接地牢固、接地电阻检查	巡视

注：上述各种敷设光缆方式涉及顶管或定向钻技术，穿越公路、铁路、河流等，监理单位应对顶管施工进行测量、纠偏，并按顶管挖土要求和接口处理。

（4）质量记录资料。质量记录资料是施工单位在进行工程施工或安装期间实施质量控制活动的记录（还包括监理工程师对这些质量控制活动的意见及施工单位对这些意见的答复），详细地记录了工程施工阶段质量控制活动的整个过程。

（5）工程例会。工程例会是施工过程中各参与方沟通情况、解决分歧、形成共识、作出决定的主要渠道，也是监理工程师现场质量控制的重要场所。通过工程例会，监理工程师检查分析施工过程的质量状况，指出存在的问题，施工单位提出整改的措施，并作出相应的保证。除了例行的工地例会外，针对某些质量问题，监理工程师还应组织专题会议，集中解决较重大或普遍存在的问题。

（6）停/复工指令。为了确保作业的质量，根据委托监理合同中建设单位对监理工程师的授权，出现下述情形时须停工处理，应下达停工指令。

① 施工作业活动存在重大隐患，可能造成质量事故或已造成质量事故时。

② 施工单位未经许可擅自施工或拒绝监理单位管理时。

③ 施工出现异常情况，经提出后，施工单位未采取有效措施，或措施不力未能扭转异常情况时。

④ 隐蔽作业未经依法查验确认合格，而擅自封闭时。

⑤ 技术资质不合格人员进场施工时。

⑥ 已发生质量问题而迟迟未按监理工程师的要求进行处理，或已发生质量缺陷或问题，如不停工，则缺陷或问题继续发展时。

⑦ 使用的材料、构配件不合格或未经检查确认，或擅自采用未经审查认可的代用材料时。

⑧ 擅自使用未经监理单位审查的分包单位进场施工时。

总监理工程师在签发工程暂停指令时，应根据暂停工程的影响范围和影响的程度来确定工程项目的停工范围。

施工单位经过整改具备复工条件时，施工单位应向监理单位报送复工申请及有关材料，证明造成停工的原因已消失。经监理工程师现场复查，认为已符合复工条件，造成停工的原因已消失，总监理工程师应及时签署《工程复工报审表》，指令施工单位继续施工。总监理工程师下达停工及复工指令时，应预先向建设单位报告。

（7）作业技术活动结果。作业技术活动结果的控制是施工过程中间产品及最终产品质量控制的方式，只有作业活动的中间产品都符合要求，才能保证最终单位工程产品的质量。作业技术活动结果的控制主要包括工序检验、隐蔽工序的检查验收、单位工程的检查验收以及不合格的处理等内容。

3）事后控制

事后控制是指监理单位在预验收、初验、试运行以及终验各个环节中实施的质量控制工作。信息通信工程的初验、试运行和终验应由建设单位主持并组织，监理单位除履行监理任务外，应给建设单位做好验收的参谋工作。

（1）预验收。施工单位在设备、系统安装调测完毕并编写出版竣工技术资料后，应填报《工程竣工报验单》，报送监理单位，申请工程竣工验收。监理单位组织专业监理工程师和施工单位项目经理及主要的技术管理人员，依据工程建设合同、工程设计文件、通信行业和国家相关技术规范，对该通信工程项目进行预验收。施工单位应对预验收中所提出的质量问题及时进行整改，并回复监理工程师整改情况，监理工程师检验合格后，签证验收申请单，并编写预验报告。然后将两份文件报送建设单位。

（2）初验。信息通信系统开通前，必须进行初验测试，旨在检验通信系统及相关设备是否符合运转要求。由施工单位填报《初验报验申请表》，报送监理工程师审核签证；由建设单位组织初验测试人员与施工单位、监理单位共同组成初验小组进行初验。在初验测试阶段，如果主要指标和业务功能达不到要求，施工单位应填报《监理工作联系单》并注明测试不合格的项目，监理工程师审核签证并通过建设单位责成供货单位及时整改处理，并重新进行系统调测。初验测试结束后，应编制初验总结报告，报总监理工程师审核签证后，与建设单位协商确定试运行。

（3）试运行。试运行时长一般不少于 3 个月，试运行期间应接入设备容量 20％以上的用户或电路负载联网运行，如果主要指标不符合要求，应从次月开始重新试运行 3 个月。建设单位的工程管理和运营维护部门应编写《试运行报告》，提交监理工程师审查签认后，报建设单位组织终验。

（4）终验。在终验环节，监理单位需汇报工程监理情况，签署竣工验收意见，并对工程质量承担监理责任；验收通过后，签署《工程竣工验收报告》；在质量责任缺陷期内，监理单位需跟踪检查施工单位对验收中发现问题的整改情况，确保验收工作闭环。

4.3.2　施工阶段的进度控制

在信息通信工程建设过程中，影响工程项目进度的因素错综复杂，只有深入地剖析各种影响因素，有针对性地制订进度计划，才能真正实现进度控制。进度控制的基本概念、影响因素以及主要任务详见第 7 章，本节重点介绍监理单位在施工阶段进度控制中的主要工作。

1. 事前控制

施工阶段进度控制的事前控制要点是审核施工单位的施工进度计划。监理工程师的主要工作就是在满足工程项目建设总进度目标要求的基础上，根据工程特点，确定进度目标，明确各阶段进度控制任务。

（1）建立施工进度控制目标体系。

（2）事前控制的具体措施包括编制进度控制工作细则、编制及审核施工总进度计划以及审核施工单位提交的施工进度计划。

监理工程师应根据施工单位和建设单位的开工准备情况，择机发布工程开工令。工程开工令的发布应尽可能及时，因为从发布工程开工令之日算起，加上合同工期即为工程竣工日期。

2. 事中控制

施工阶段进度控制的事中控制主要包括下述工作。

（1）协助施工单位实施进度计划。

（2）监督施工进度计划的实施，判定偏差并督促施工单位采取调整措施。

（3）组织现场协调会。

（4）签发工程进度款支付凭证。

（5）审批工程延期。

3. 事后控制

施工阶段进度控制的事后控制主要包括下述工作。

（1）及时组织验收工作，以保证后续工作的顺利开展。

（2）处理工程索赔与反索赔。

（3）管理工程进度资料。

（4）移交工程。

4.3.3 施工阶段的投资控制

投资控制是指在优化建设方案、设计方案的基础上，在建设工程的各个实施阶段，采取一定的方法和措施将工程投资控制在合理的范围内。信息通信工程投资控制的前提是合理确定建设项目在各个阶段的工程造价，该控制过程按工程的进展情况分为事前控制、事中控制和事后控制三个阶段。

1. 事前控制

施工阶段投资控制的事前控制主要包括审查施工组织设计（方案）以及审查施工图预算两项工作。

2. 事中控制

施工阶段投资控制的事中控制仅靠控制工程款的支付是不够的，应该从组织、经济、技术、合同等多方面采取措施，综合控制工程总造价，主要工作包括以下方面。

（1）工程量计算。监理单位必须对施工单位已完成的工程量进行计算，计量结果作为向施工单位支付工程款项的凭证。

（2）工程变更价款的控制。监理单位应对因工程变更导致的工程量及工程造价的变化加以控制，做好工程变更的管理工作。

（3）施工阶段索赔的控制。索赔是在工程承包合同履行中，当事人一方由于另一方未履行合同所规定的义务而遭受损失时，向另一方提出赔偿要求的行为。监理单位必须与建设单位和施工单位进行协商，公正处理好索赔。

3. 事后控制

施工阶段投资控制事后控制的重点是工程决算，监理单位应对决算依据进行严格审核，同时做好项目保修回访的监督工作，主要工作包括以下方面。

（1）竣工决算审查。竣工决算需由监理工程师组织有关人员进行初审，并在建设单位自审的基础上，经过领导批准报上级主管部门，由上级主管部门和建设单位会同有关部门进行审查。

（2）保修回访。回访是设计单位、施工单位、设备材料供应商、监理单位在建设项目投入使用后的一定期限内，了解项目的使用情况、设计质量、施工质量及设备运行状态和用户对维修方面的要求。对需要处理的问题，各责任单位应会同用户和监理工程师共同鉴定，提出修改方案，组织人力、物力进行修改。返修完毕后，应在保修证书的"保修记录"栏内做好记录，并经用户和监理工程师验收签字。

4.4 安 全 管 理

4.4.1 安全管理概述

1. 安全管理的概念

安全管理是指社会化、专业化的工程监理单位受建设单位的委托和授权，依据法律、法规、已批准的工程项目建设文件、监理合同以及其他建设工程合同对工程建设实施阶段安全生产的监督管理。

安全管理包括对工程建设中的人、机、物、环境及施工全过程的安全生产进行监督管理，并采取组织、技术、经济和合同措施，保证建设行为符合国家安全生产、劳动保护法律法规和有关政策，有效地控制建设工程安全风险在允许的范围内，以确保施工安全性。安全管理属于委托性的安全服务。

2. 安全管理的原则

根据《建设工程安全生产管理条例》规定，建设单位、勘察单位、设计单位、施工单位、工程监理单位及其他与建设工程安全生产有关的单位必须遵守安全生产法律、法规的规定，保证建设工程安全生产，依法承担建设工程安全生产责任。

安全管理既是建设工程监理的重要组成部分，也是建设工程安全生产管理的重要保障；既是提高施工现场安全管理水平的有效方法，也是建设工程项目管理体制中加强安全管理、控制重大伤亡事故的一种新模式。在"安全第一，预防为主；以人为本，防微杜渐"安全方针的指导下，安全管理应遵守"谁主管谁负责"的原则，监理企业实施安全管理并不减免建设单位、勘察设计单位和施工单位的安全责任。

4.4.2 安全管理措施

1. 开工前的安全管理措施

1）设计会审重点

设计会审中，应着重审核安全内容。设计应充分考虑工程的安全问题，并提出解决方法，使工程安全风险得到有效的预控。如果设计文件中未提及安全内容，那么监理人员需要在会审中提出，要求设计文件补充说明。

2）安全培训教育

监理内部安全培训教育。在项目工程开工前，项目负责人必须针对该项目工程的特点及实际情况，组织参与该项目工程的所有监理人员进行项目安全培训教育，向各监理人员明确相关安全注意事项，特别要求监理人员现场监理时不得随意触摸、操作机房内任意设备设施。

监理单位应主动在开工前向工程主管人员索要建设单位相关安全管理规定、机房安全管理办法、应急故障处理流程等文件，并将收集到的资料发给各参与方，同时要求各参与方组织全部入场人员进行培训学习，以便尽快熟悉掌握。

3）安全措施审核

监理单位须及时审核施工单位提交的施工组织设计（方案）。施工组织设计（方案）应包括下述内容，并能满足工程需要。

（1）施工单位的安全管理制度。

（2）施工项目部安全组织架构。

（3）施工人员各类资质证书（如高空作业证、电工证、电焊证等）。

如果上述任何一项不满足要求，应在《施工组织设计（方案）报审表》的"专业监理工程师审查意见"中说明，且不能签发该工程《开工报审表》。

4）安全措施实施

监理单位必须认真督促检查施工单位按照施工组织设计（方案）落实安全交底的情况，并要求施工单位在开工后 7 天内抄报《安全交底记录》。

2. 施工现场的安全管理措施

施工现场的主要安全管理措施为安全巡检，安全巡检范围应涵盖所有单项及单位工程，检查内容应包括消防设计状况、施工期间消防处理措施、"明火"动火作业情况、施工防火措施、机房出入证情况、电源电线合理使用情况、高空作业安全措施落实情况、安全文明施工情况、施工安全员及监理人员是否在场等。

3. 硬件安装阶段的安全管理措施

硬件安装阶段须特别注意硬件及人身安全，其安全管理措施必须周密细致，具体如下所述。

（1）施工单位须佩戴进房许可证、临时出入证，同时张挂施工牌。

（2）监理单位须组织施工前的现场交底工作，核查施工条件是否具备、电气方面是否满足本期工程要求，针对新建机房的情况，还需认真分析机房装修是否符合要求。

（3）设备的下电和拆除必须得到工程管理人员的确认，并有详细的计划和步骤。

（4）施工单位须按照安装规范和设计文件的要求进行施工，对质量检查和验收中发现的问题及时整改，保证施工质量。

4. 软件调测阶段的安全管理措施

软件调测阶段须特别注意网络及数据安全，其安全管理措施必须缜密细致，具体如下所述。

（1）软件调测施工人员需要对建设单位的网络情况足够了解，按照有关标准进行施工，避免数据错误。

（2）在进行对网络有影响的软件调测（如软件升级等）时，施工单位必须事先制订具体操作流程、操作人、责任人、应急处理方案以及远程技术支持人员联系名单等，并通过工程协调会议明确各参与方的职责与分工，经监理单位审核通过后，原则上应在夜间网络使用率低谷时进行。

（3）软件调测前，应先通知监控人员，在经由监控值班人员同意后，方可开始进行软件调测；软件调测后，应通知监控部门，由监控人员确认网络运行正常后方可离开。

（4）禁止未经入网许可的产品和软件入网。

（5）软件和局数据修改必须经维护部门同意后方可进行，并进行详细记录。

5．工程验收阶段的安全管理措施

工程验收阶段须特别注意因松懈情绪导致的安全事故，其安全管理措施必须周全严密，具体如下所述。

（1）登高作业须严格遵照安全规范，登高人员须持登高作业证，佩戴安全帽和双安全带。

（2）在进入人手井、地下室时，要佩戴防毒面具，用火、用电要采取有效保护措施，验收人员不得单独进入人手井、地下室。

（3）电气性能测试应注意用电安全，须由专业人员操作，同时应注意对原有线路进行保护。

4.4.3　风险管理

1．风险管理概述

风险管理是指工程监理通过系统化方法识别、评估、控制和监控项目潜在风险的过程，旨在降低风险对工程安全、质量及进度的负面影响。风险就是与出现损失有关的不确定性，损失是指非故意的、非计划的和非预期的经济价值的减少，产生或增加损失概率和损失程度的条件或因素称为风险因素，而造成损失的偶发事件称为风险事件。所以说，风险因素引发风险事件，风险事件导致损失，而损失会引起实际结果与预期结果之间的差异，这种由损失所形成的结果就是风险。

风险管理与安全管理在工程监理中相辅相成，安全管理是风险管理的落地抓手，风险管理为安全管理提供科学依据。通过构建系统化的风险管理体系，监理单位可有效平衡进度、成本与安全间的关系，实现可持续发展。安全管理是风险管理的基础，风险管理为安全管理提供支撑，两者共同构成建设工程安全保障体系。

2．风险识别

风险识别是风险管理的基础，其输出结果应为建设工程风险清单。风险识别具有个别性、主观性、复杂性以及不确定性等特点。

建设工程风险识别的方法主要有专家调查法、财务报表法、流程图法、初始清单法、经验数据法和风险调查法。前三种方法为风险识别的一般方法，后三种方法为建设工程风险识别的具体方法。

3．风险评价

在信息通信工程建设中，应依据风险评价准则选定合适的评价方法，定期、及时地对作业活动和设备设施进行危险、有害因素识别和风险评价。在进行风险评价时，应从影响人、财产和环境三个方面的可能性和严重程度分析。

信息通信工程建设实施时，施工单位应在每个施工环节前向监理单位提供准确时间点和风险信息，监理单位负责整个工程项目施工的风险监测和现场管控，审定各个环节的风险等级，确保工程实施的安全。风险等级一般可分为 A、B、C、D 四级。

（1）施工环节存在下述情况的，可定为 A 级。

① 施工中存在发生火灾、爆炸、坍塌等的可能。

② 施工中包含在电信枢纽机房、核心局房实施网络设备、业务平台、支撑系统等重要设备的割接、加电、软件升级等活动。

③ 施工环节包含在电信枢纽机房实施涉及在用设备、网络的工程活动。

④ 施工环节包含有对一、二级干线光缆的割接活动。

⑤ 施工环节存在一、二级光缆干线路由附近的开挖、种杆、埋地线等活动。

⑥ 施工环节中存在网络安全风险、造成其他运营商网络中断风险、涉及人身安全风险很大的情况。

（2）施工环节存在下述情况的，可定为 B 级。

① 施工环节包含在一般电信局房（如汇接局）内实施重要系统的割接、加电、软件升级等活动。

② 施工环节包含在电信核心机房（本地汇接局）实施触及在用设备、网络的工程活动。

③ 施工环节包含对本地中继光缆的割接活动。

④ 施工环节存在本地中继光缆路由附近的开挖、种杆、埋地线等活动。

⑤ 施工环节中存在网络安全风险、造成其他运营商网络中断风险、涉及人身安全风险较大的情况。

（3）施工环节存在下述情况的，可定为 C 级。

① 施工环节包含在电信接入机房实施割接、加电、软件升级等活动。

② 施工环节包含对主干光缆、电缆的割接活动。

③ 施工环节存在接入层光缆路由附近的开挖、种杆、埋地线等活动。

④ 在各等级机房内，存在对承载重要客户业务资源的接触活动。

⑤ 施工环节中存在网络安全风险、造成其他运营商网络中断风险、涉及人身安全风险略大的情况。

（4）施工环节存在下述情况的，可定为 D 级。

① 施工环节中存在网络安全风险、涉及人身安全风险的情况。

② 其他不足以评为 A、B、C 级，但存在网络安全风险的工程活动。

4.5　合同管理

4.5.1　合同管理概述

1. 合同管理的概念

合同管理是指监理单位受建设单位委托，依据法律法规、合同约定及工程实际情况，对建设工程合同的签订、履行、变更、终止等全生命周期进行监督、协调和控制的活动，旨在保障各方权益、规范履约行为、实现工程目标。

2．合同管理的作用

（1）保障各方权益。确保建设单位资金合理使用，避免超支或浪费；明确施工单位责任边界，防止因条款模糊导致的推诿；保障监理单位的监督权，独立行使管理职能。

（2）规范履约行为。通过合同可约束施工单位在按设计图纸、工期、质量标准施工的同时，监督建设单位按时支付工程款，避免拖欠引发停工风险。

（3）控制工程目标。通过合同明确材料验收标准、工艺规范，利于质量控制；通过合同条款设定里程碑节点和违约金机制，益于进度控制；依据合同审核工程量变更，防止无依据的索赔，便于成本控制。

（4）预防争议纠纷。通过合同明确争议解决方式，如仲裁条款，可大幅降低法律风险；对合同变更进行严格审批，可有效规避事后扯皮。

4.5.2　合同管理的主要工作

1．合同签订阶段

在合同签订阶段，监理单位应收集建设单位与第三方签订的与本工程有关的合同文件副本或复印件，监督施工单位履行施工合同，并协助建设单位签订与工程相关的后续合同。

2．合同履行阶段

在合同履行阶段，施工过程中如需工程暂停施工，总监理工程师应根据暂停施工的影响范围和程度，与建设单位协商后，按照施工合同和建设工程监理合同的约定签发工程暂停令。在具备复工条件时，总监理工程师应及时签署《工程复工报审表》，指令施工单位继续施工。

当施工单位提出工程延期要求并符合施工合同文件的规定条件时，监理单位应按照施工合同中有关工程延期的约定，与建设单位和施工单位进行协商后，确定工程延期的时间并予以签认。监理单位收到工程变更单时，总监理工程师应根据施工实际情况、设计变更文件和其他有关资料，按照施工合同的有关条款，签署监理意见。

当索赔事件发生时，总监理工程师应按照施工合同规定的期限和程序公平合理地处理索赔，签署《索赔审批表》。

3．合同争议阶段

在合同争议阶段，总监理工程师应及时了解合同争议的全部情况，与合同争议的双方进行磋商和调解，当调解未能达成一致时，总监理工程师应在施工合同规定的期限内提出处理该合同争议的意见。在合同争议的仲裁或诉讼过程中，监理单位接到仲裁机关或法院要求提供有关证据的通知后，应按仲裁机关或法院要求提供与争议有关的证据。

施工合同的解除必须符合法律程序。由于建设单位或施工单位违约导致施工合同解除时，总监理工程师应按照施工合同的规定，与建设单位和施工单位进行协商，确定施工单位应得款项或应偿还建设单位的款项，并书面通知建设单位和施工单位。

由于非建设单位、施工单位的原因导致施工合同终止时，监理单位应按施工合同中的规定处理合同解除后的有关事宜。

4.6 信息管理

4.6.1 信息管理概述

1. 信息管理的概念

信息管理是指通过计算机技术、网络技术及数据库技术，将监理业务流程（如立项、设计、施工、验收）数字化、网络化，构建集成化信息平台（如监理管理系统、远程监控系统），实现数据实时共享与智能分析。

2. 信息管理的要求

在监理单位中，各级监理人员对信息管理应职责明确，各负其责。专业监理工程师对有关工程质量、进度及造价的信息处理应尽量选用最优的控制措施实施监理。在施工过程中形成的各种报表、报告等监理资料，是建设工程信息的重要组成部分，专业监理工程师应做好监理资料的管理。

鼓励监理单位在监理资料的管理中采用能够有效与建设单位企业信息化系统对接的信息系统。

4.6.2 监理资料的管理

1. 监理资料内容

监理资料主要包括建设工程监理合同文件、监理规划、监理实施细则、分包单位资格报审表、设计交底会议纪要、施工组织设计（方案）报审表、工程开工/复工报审表及工程暂停令、工程变更资料、隐蔽工程报验申请表、工程款支付证书、监理通知单、监理工作联系单、报审报验表、会议纪要、来往函件、监理日志、监理周（月）报、质量缺陷与事故的处理文件、分部/单位工程等验收资料、安全生产管理监理资料、索赔文件资料、竣工结算审核意见书、工程项目施工阶段质量评估报告以及监理工作总结等。

2. 监理资料管理

监理资料管理由总监理工程师负责，并指定专人具体实施，宜采用计算机辅助管理，具体管理要求如下所述：

（1）监理资料应及时整理且真实、完整、分类有序。工程开工前，监理单位应与建设单位、施工单位对资料的分类、格式、份数达成一致意见。

（2）监理工作结束后，监理资料应及时整理归档。监理资料的归档保存应遵循保存原件为主、复印件为辅的原则，按照一定的顺序归档。

（3）监理资料的组卷及归档应按照《建设工程文件归档规范（2019 年版）》（GB/T 50328—2014）的规定执行。

（4）监理文件应按照建设工程监理合同的约定时间移交建设单位，并办理移交手续。

4.7　组　织　协　调

4.7.1　组织协调概述

1. 组织协调的概念

组织协调是指监理人员通过沟通、调和、联合等方式，整合工程建设各参与方的资源与行动，确保项目目标(质量、进度、投资等)顺利实现的过程。其核心在于解决多方协作中的矛盾与冲突，促进协同工作。

组织协调包括外部协调和内部协调两类。外部协调是指工程的参与者与不直接参与工程建设但与工程建设相关的单位和个人进行协调，内部协调是指直接参与工程建设的单位和个人之间的协调工作。

2. 组织协调的作用

建设工程监理目标的实现需要监理工程师具备扎实的专业知识并有效执行监理程序，此外，还要求监理工程师具有较强的组织协调能力。通过组织协调使工程各参与方有机配合，从而使工程建设实施和运行顺利。

信息通信工程点多线长、系统庞杂，工程的外部与内部协调工作涉及面广，并贯穿工程建设的全过程，直接影响工程的进度、质量和投资。因此，理顺协调工作关系，明确协调工作分工，控制协调工作进展，是信息通信工程监理工作的重要环节。

4.7.2　组织协调的工作内容

为高效达成工程项目的建设目标，需要监理单位组织协调的工作内容包括下述五个方面。

(1) 与政府部门及其他单位的组织协调。通过组织协调，获取政府部门及其他单位(如金融组织、社会团体、新闻媒体)对建设工程项目的控制、监督、支持以及帮助。

(2) 与设计单位的组织协调。尊重设计单位的意见，及时做好沟通。若施工中发现设计问题，应及时向设计单位提出，以免造成更大的直接损失，协调时应注意信息传递的及时性和程序性。

(3) 与施工单位的组织协调。与施工单位的组织协调中，应注意语言艺术、感情交流和用权适度等问题，并坚持原则、实事求是，严格按规范、规程办事。

(4) 与业主的组织协调。与业主的组织协调是监理工作的重点和难点。首先，监理单位要理解建设工程总目标，理解业主的意图；其次，监理宣传工作，增进业主对监理工作的理解，特别是对建设工程管理各方职责及监理程序的理解；最后，主动帮助业主处理建设工程中的事务性工作，以规范化、标准化、制度化的监理工作去影响和促进双方工作的协调一致。

（5）监理单位内部的组织协调。监理单位一般是由若干部门组成的工作体系，每个部门均有各自的目标和任务，需要从建设工程的整体利益出发，理解和履行各自的职责，使整个建设工程项目处于有序的良性状态。监理单位内部的组织协调工作主要包括在职能划分的基础上设置组织机构，明确规定各个部门的目标、职责和权限，事先约定各个部门在工作中的相互关系，建立信息沟通制度，便于及时消除工作中的矛盾或冲突，平衡内部需求关系等。

4.7.3 组织协调的基本方法

组织协调的基本方法主要包括会议协调法、交谈协调法、书面协调法、访问协调法以及情况介绍法。

（1）会议协调法。会议协调法是建设工程监理中最常用的一种协调方法，实践中常用的会议协调包括第一次工地例会、工地监理例会、专题监理会议等。

（2）交谈协调法。交谈协调包括面对面的交谈和电话交谈两种形式。无论是内部协调还是外部协调，这种方法均可适用。

（3）书面协调法。当会议、交谈不方便，或者需要精准地表达自己的意见时，一般采用书面协调法。

（4）访问协调法。访问协调法主要用于外部协调中，有走访和邀访两种形式。走访是指监理工程师在建设工程施工前或施工过程中，对与工程施工有关的政府部门、公共事业机构、新闻媒体或工程毗邻单位等进行访问，向其解释工程情况以及了解意见。邀访是指监理工程师邀请上述各单位代表到施工现场对工程进行指导性巡视，了解现场工作。

（5）情况介绍法。情况介绍法通常与其他协调方法配合使用，比如在会议、交谈前，在走访或邀访中向对方进行情况介绍。

本 章 小 结

在信息通信工程建设中，工程监理通过全过程监督确保工程质量符合技术要求，动态监控建设进度以保障项目按时交付，凭借分段细控将工程投资控制在合理范围内，严格审查设备安全和施工规范以预防风险，组织协调多方资源以合作共赢，借助现代化技术手段共管共享合同资料与信息数据，最终实现信息通信工程多快好省地建设。

本章概述了工程监理概念等基础知识，介绍了施工准备与施工阶段的监理工作，强调了信息通信工程建设项目的"三控三管一协调"。通过本章的学习，能够掌握信息通信工程建设项目质量控制、进度控制、投资控制，安全管理、合同管理、信息管理以及组织协调的具体方式方法。在学习过程中需注意理论联系实际，在信息通信工程建设实践中融会贯通，并不断积累实践经验，同时应注重培养严谨的工作态度、细致耐心的工作作风以及恪尽职守的责任感。

思　考　题

1. 简述工程监理的概念及意义。
2. 简述工程监理的范围和工作方式。
3. 简述信息通信工程施工前审查的主要内容。
4. 对比说明图纸会审与设计交底的作用。
5. 分别说明《工程竣工报验单》《初验报验申请表》《试运行报告》《开工报审表》《施工组织设计(方案)》《安全交底记录》的编制时机与编制人。
6. 简述通信设备安装单位工程施工准备阶段的检查项目及相关内容。
7. 简述通信线路单位工程中管道光缆的质量控制点。
8. 简述信息通信工程验收阶段的安全管理措施。
9. 施工环节中存在哪些情况时,其风险等级可定为 A 级?
10. 扩展学习监理合同资料、信息数据的数字化管理技术及工具。

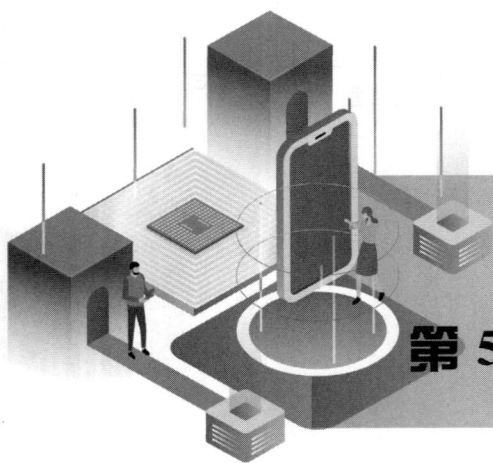

第 5 章　建设工程造价管理

工程造价管理贯穿信息通信工程建设项目的全生命周期，是动态成本控制的关键，对于提升项目管理质效、支持项目科学决策、促进风险防控保障均有重要意义，所以说工程造价管理是信息通信工程建设的"成本基石"。信息通信工程建设项目具有单件性、组合性、项目体量大、建设周期长、成本造价高以及交易在先、生产在后等技术经济特点，使得其工程造价的形成过程及机制与其他普通商品差异很大，不能批量生产、批量定价或按整个建设项目确定单一价格，因此只能以特殊的计价程序及方法逐步计算、多次计价。本章将主要介绍建设工程造价的构成与具体计价方法。

5.1　建设工程造价构成

5.1.1　建设项目总投资与工程造价

投资方为获取预期收益，对选定的建设项目进行投资，所投入的全部资金即为该建设项目的总投资。生产性建设项目总投资包括固定资产投资（工程造价）和流动资产投资（流动资金）两部分。非生产性建设项目总投资仅由固定资产投资构成，不含流动资产投资。

在建设项目总投资的两部分构成中，固定资产投资常常等同于工程造价，因为二者在量上是相同的。建设项目总投资中的流动资产投资形成项目运营过程中的流动资产，它是指在工业项目投产前预先垫付的，在投产后生产经营过程中需要用于购买原材料、燃料动力、备品备件、支付工资和其他费用以及被在产品、半成品、产成品和其他存货占用的周转资金，这些并不构成建设项目工程造价。建设项目总投资的构成如图 5.1 所示。

图 5.1 中，工程造价也即固定资产投资，主要包括项目建设投资和建设期利息两部分。其中，项目建设投资包括工程费（工程投资）、工程建设其他费用和预备费三部分。工程费是指建设期内直接用于工程建造、设备购置及其安装的建设投资，可以进一步细分为建筑安装工程费和设备及工器具购置费；工程建设其他费用是指建设期发生的与土地使用权取得、整个工程项目建设以及未来生产经营有关的构成建设投资，但不包括在工程费中的费

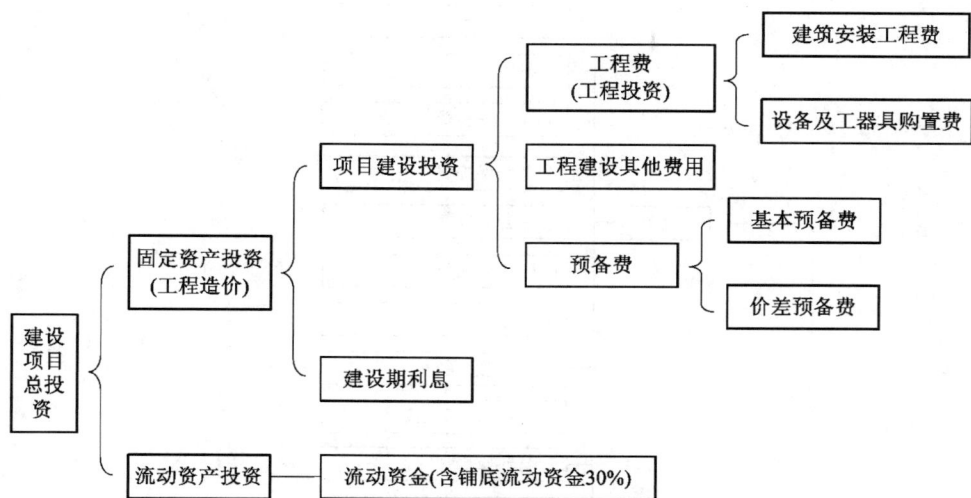

图 5.1　建设项目总投资的构成

用；预备费是在建设期内因各种不可预见因素的变化而预留的可能增加的费用，包括基本预备费和价差预备费。

建设期利息主要是指在建设期内发生的为工程项目筹措资金的融资费用及债务资金利息。

流动资产投资也即流动资金是指为进行正常生产运营，用于购买原材料、燃料，支付工资及其他经营费用等所需的周转资金。在可行性研究阶段流动资金可根据需要计为全部流动资金，在初步设计及以后阶段可根据需要计为铺底流动资金。铺底流动资金是指生产经营性建设项目为保证投产后正常的生产营运所需，在项目资本金中筹措的自有流动资金。

5.1.2　建筑安装工程费用的构成和计算

为加强工程建设项目管理，合理确定工程造价，提高建设投资效益，住房和城乡建设部、财政部关于印发《建筑安装工程费用项目组成》的通知（建标〔2013〕44 号）统一了建筑安装工程费用的项目构成，为工程建设项目各方编制工程概预算、工程结算、工程招投标、计划统计、工程成本核算等工作提供了统一标准。

《建筑安装工程费用项目组成》（建标〔2013〕44 号）中明确，建筑安装工程费用项目的构成有按费用构成要素划分和按工程造价形成划分两种方式。

1. 按费用构成要素划分

建筑安装工程费按照费用构成要素划分：由人工费、材料（包含工程设备，下同）费、施工机具使用费、企业管理费、利润和增值税组成。建筑安装工程费按费用构成要素划分的具体构成如图 5.2 所示。

```
建筑安装工程费
├─ 人工费
│   ├─ 1. 工资
│   ├─ 2. 津贴
│   ├─ 3. 职工福利费
│   ├─ 4. 劳动保护费
│   ├─ 5. 社会保险费
│   ├─ 6. 住房公积金
│   ├─ 7. 工会经费
│   ├─ 8. 职工教育经费
│   └─ 9. 特殊情况下工资性费用
├─ 材料费
│   ├─ 1. 材料原价
│   ├─ 2. 运杂费
│   ├─ 3. 运输损耗费
│   └─ 4. 采购及保管费
├─ 施工机具使用费
│   ├─ 1. 施工机械使用费
│   │   ├─ ① 折旧费
│   │   ├─ ② 大修理费
│   │   ├─ ③ 经常修理费
│   │   ├─ ④ 安拆费及场外运费
│   │   ├─ ⑤ 人工费
│   │   └─ ⑥ 燃料动力费
│   └─ 2. 仪器仪表使用费
├─ 企业管理费
│   ├─ 1. 管理人员工资
│   ├─ 2. 办公费
│   ├─ 3. 差旅交通费
│   ├─ 4. 固定资产使用费
│   ├─ 5. 工具用具使用费
│   ├─ 6. 劳动保险
│   ├─ 7. 检验试验费
│   ├─ 8. 财产保险费
│   ├─ 9. 财务费
│   ├─ 10. 其他税金
│   └─ 11. 其他
├─ 利润
└─ 增值税
```

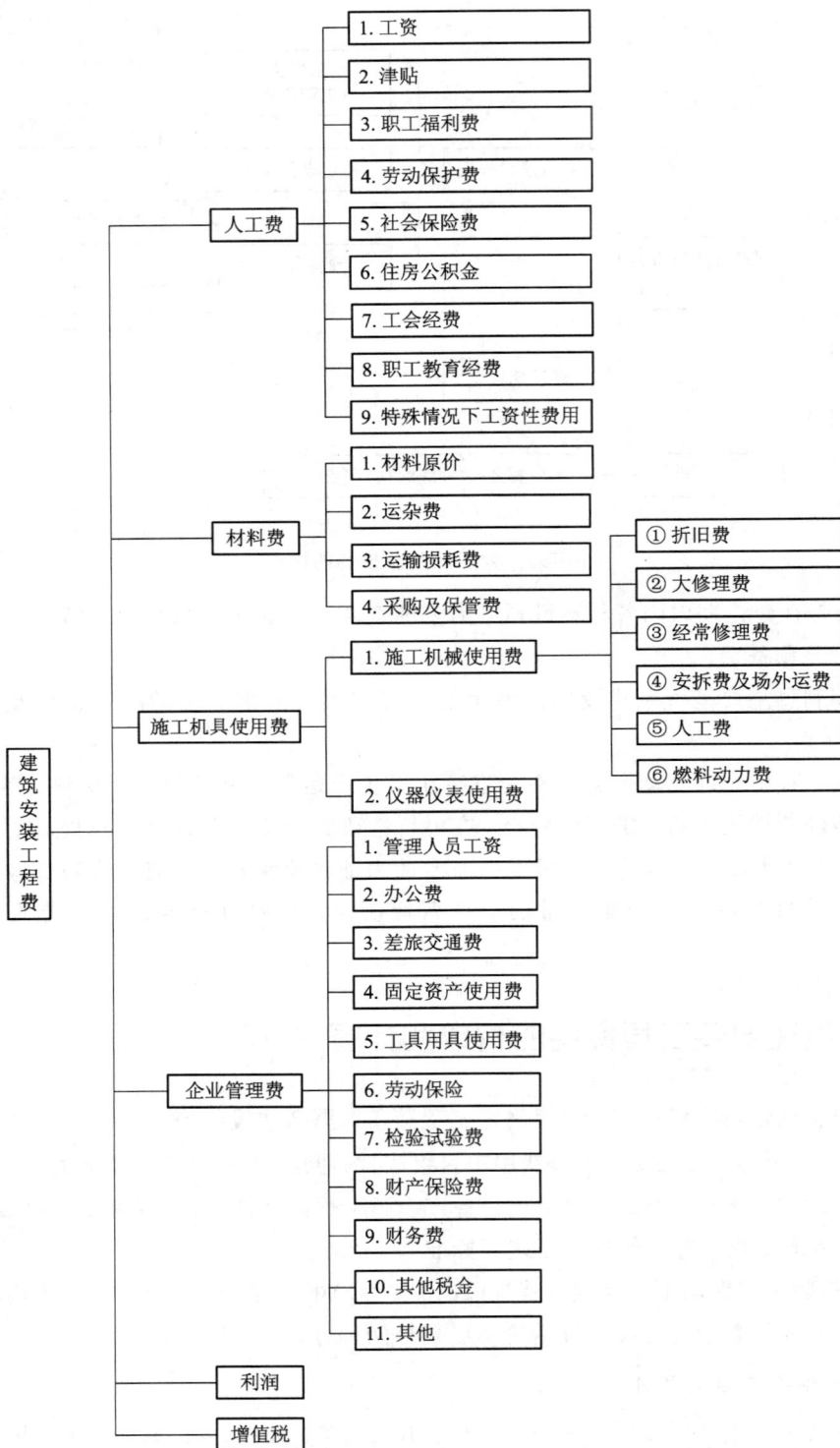

图 5.2 建筑安装工程费用构成(按费用构成要素划分)

1）人工费

人工费是指按工资总额构成规定，支付给从事建筑安装工程施工的生产工人和附属生产单位工人的各项费用。为进一步完善建设工程人工单价市场形成机制，住房和城乡建设部颁布了《住房城乡建设部关于加强和改善工程造价监管的意见》（建标〔2017〕209 号），文中明确了改革计价依据中人工单价的计算方法，使其更加贴近市场，满足市场实际需要；扩大人工费计算口径，主要包括工资、津贴、职工福利费、劳动保护费、社会保险费、住房公积金、工会经费、职工教育经费以及特殊情况下工资性费用。

（1）工资：按计时工资标准和工作时间或对已做工作按计件单价支付给个人的劳动报酬。

（2）津贴：为了补偿职工特殊或额外的劳动消耗和因其他特殊原因支付给个人的津贴，如流动施工津贴、特殊地区施工津贴、高温（寒）作业临时津贴、高空津贴等。

（3）职工福利费：用于职工集体福利的支出，主要包括为职工提供集体福利设施（如食堂、宿舍、幼儿园等）的支出、职工医疗费用、困难职工补助、职工探亲假路费、供暖费补贴、防暑降温费以及符合财务制度的其他福利支出。

（4）劳动保护费：企业按规定发放的劳动保护用品的支出，如工作服、手套、防暑降温饮料以及在有碍身体健康的环境中施工的保健费用等。

（5）社会保险费：在社会保险基金的筹集过程当中，职工和企业（用人单位）按照规定的数额和期限向社会保险管理机构缴纳的费用。它是社会保险基金的最主要来源，主要包括养老保险费、失业保险费、医疗保险费以及工伤保险费。

① 养老保险费：企业按照规定标准为职工缴纳的基本养老保险费。

② 失业保险费：企业按照规定标准为职工缴纳的失业保险费。

③ 医疗保险费：企业按照规定标准为职工缴纳的基本医疗保险费。

④ 工伤保险费：企业按照规定标准为职工缴纳的工伤保险费。

根据《国务院办公厅关于全面推进生育保险和职工基本医疗保险合并实施的意见》（国办发〔2019〕10 号）文件精神，医疗保险与生育保险合并，不再单独计列生育保险。

（6）住房公积金：企业按规定标准为职工缴纳的住房公积金。

（7）工会经费：企业按《中华人民共和国工会法》规定的全部职工工资总额比例计提的工会经费。

（8）职工教育经费：按职工工资总额的规定比例计提，企业为职工进行专业技术和职业技能培训，专业技术人员继续教育、职工职业技能鉴定、职业资格认定以及根据需要对职工进行各类文化教育所发生的费用。

（9）特殊情况下工资性费用：根据国家法律、法规和政策规定，因病、工伤、产假、计划生育假、婚丧假、事假、定期休假、停工学习、执行国家或社会义务等原因按计时工资标准或计时工资标准的一定比例支付的工资。

《通信建设工程量清单计价规范》（YD 5192—2009）中的"规费"是指根据国家有关部门规定必须缴纳并计入建筑安装工程造价内的费用，主要包括社会保险费与住房公积金两部分。根据《住房城乡建设部关于加强和改善工程造价监管的意见》（建标〔2017〕209 号），社会保险费与住房公积金均已纳入人工费单价，所以在《建设工程工程量清单计价标准》（GB/T 50500—2024）中已无"规费"相关表述，不再单独计列规费。综上所述，建设工程工程量清单编制中是否以"规费"项目计列社会保险费与住房公积金，取决于其编制依据：若依据《通信建设工程量清单计价规范》（YD 5192—2009）可以规费项目计列，若依据《建设工程工程量清单计价标准》（GB/T 50500—2024）则应将相关费用计入人工费。

2）材料费

材料费是指施工过程中耗费的原材料、辅助材料、构配件、零件、半成品或成品、工程设备的费用，具体包括下述四类费用。

（1）材料原价：材料、工程设备的出厂价格或商家供应价格。

（2）运杂费：材料、工程设备自来源地运至工地仓库或指定堆放地点所发生的全部费用。

（3）运输损耗费：材料在运输装卸过程中不可避免的损耗。

（4）采购及保管费：为组织采购、供应和保管材料、工程设备的过程中所需要的各项费用，包括采购费、仓储费、工地保管费、仓储损耗。

其中，工程设备是指构成或计划构成永久工程一部分的机电设备、金属结构设备、仪器装置及其他类似的设备和装置。

3）施工机具使用费

施工机具使用费是指施工作业所发生的施工机械、仪器仪表使用费或租赁费。当采用一般计税方法时，施工机械台班单价和仪器仪表台班单价中的相关子项均需扣除增值税进项税额。

（1）施工机械使用费：以施工机械台班耗用量乘以施工机械台班单价表示，施工机械台班单价应由下述六项费用组成。

① 折旧费：施工机械在规定的使用年限内，陆续收回其原值的费用。

② 大修理费：施工机械按规定的大修理间隔台班进行必要的大修理，以恢复其正常功能所需的费用。

③ 经常修理费：施工机械除大修理以外的各级保养和临时故障排除所需的费用，包括为保障机械正常运转所需替换设备与随机配备工具附具的摊销和维护费用，机械运转中日常保养所需润滑与擦拭的材料费用及机械停滞期间的维护和保养费用等。

④ 安拆费及场外运费：安拆费是指施工机械（大型机械除外）在现场进行安装与拆卸所需的人工、材料、机械和试运转费用以及机械辅助设施的折旧、搭设、拆除等费用；场外运费是指施工机械整体或分体自停放地点运至施工现场或由一施工地点运至另一施工地点的运输、装卸、辅助材料及架线等费用。

⑤ 人工费：机上司机（司炉）和其他操作人员的人工费。

⑥ 燃料动力费：施工机械在运转作业中所消耗的各种燃料及水、电费用等。

（2）仪器仪表使用费：工程施工所需使用的仪器仪表的摊销及维修费用。

4）企业管理费

企业管理费是指建筑安装企业组织施工生产和经营管理所需的费用，具体内容如下所述。

（1）管理人员工资：按规定支付给管理人员的计时工资、奖金、津贴补贴、加班加点工资及特殊情况下支付的工资等。

（2）办公费：企业管理办公用的文具、纸张、账表、印刷、邮电、书报、办公软件、现场监控、会议、水电、烧水和集体取暖降温（包括现场临时宿舍取暖降温）等费用。

（3）差旅交通费：职工因公出差、调动工作的差旅费、住勤补助费，市内交通费和误餐补助费，职工探亲路费，劳动力招募费，职工退休、退职一次性路费，工伤人员就医路费，工地转移费以及管理部门使用的交通工具的油料、燃料等费用。

（4）固定资产使用费：管理和试验部门及附属生产单位使用的属于固定资产的房屋、设备、仪器等的折旧、大修、维修或租赁费。

（5）工具用具使用费：企业施工生产和管理使用的不属于固定资产的工具、器具、家具、交通工具和检验、试验、测绘、消防用具等的购置、维修和摊销费。

（6）劳动保险：由企业支付的职工退休金、按规定支付给离休干部的经费，集体福利费、夏季防暑降温、冬季取暖补贴、上下班交通补贴等。

（7）检验试验费：施工企业按照有关标准规定，对建筑以及材料、构件和建筑安装物进行一般鉴定、检查所发生的费用，包括自设试验室进行试验所耗用的材料等费用。不包括新结构、新材料的试验费，对构件做破坏性试验及其他特殊要求检验试验的费用和建设单位委托检测机构进行检测的费用，对此类检测发生的费用，由建设单位在工程建设其他费用中列支。但对施工企业提供的具有合格证明的材料进行检测不合格的，该检测费用由施工企业支付。

（8）财产保险费：施工管理用财产、车辆等的保险费用。

（9）财务费：企业为施工生产筹集资金或提供预付款担保、履约担保、职工工资支付担保等所发生的各种费用。

（10）其他税金：除增值税之外的施工企业按规定缴纳的房产税、非生产性车船使用税、土地使用税、印花税、消费税、资源税、环境保护税、城市维护建设税、教育费附加、地方教育附加等各项税费。根据《增值税会计处理规定》（财会〔2016〕22 号），城市维护建设税、教育费附加、地方教育附加等均作为"税金及附加"，在管理费中核算。

（11）其他：包括技术转让费、技术开发费、投标费、业务招待费、绿化费、广告费、公证费、法律顾问费、审计费、咨询费、保险费等。

5）利润

利润是指施工企业完成所承包工程获得的盈利。

6）增值税

建筑安装工程增值税是按税前工程造价乘以增值税适用税率来计算的。

2．按工程造价形成划分

建筑安装工程费按照工程造价形成由分部分项工程费、措施项目费、其他项目费、增值税组成，分部分项工程费、措施项目费、其他项目费包含人工费、材料费、施工机具使用费、企业管理费和利润。建筑安装工程费按工程造价形成划分的具体构成如图 5.3 所示。

```
                                      ┌─────────────────────────┐
                                  ┌───│ 1.房屋建筑与装饰工程       │
                                  │   └─────────────────────────┘
                                  │   ┌─────────────────────────┐
                                  ├───│ 2.仿古建筑工程            │
                                  │   └─────────────────────────┘
                                  │   ┌─────────────────────────┐
                                  ├───│ 3.通用安装工程            │
                                  │   └─────────────────────────┘
                                  │   ┌─────────────────────────┐
                                  ├───│ 4.市政工程               │
                                  │   └─────────────────────────┘
                    ┌──────────┐  │   ┌─────────────────────────┐
                ┌───│分部分项工程费│──┼───│ 5.园林绿化工程            │
                │   └──────────┘  │   └─────────────────────────┘
                │                 │   ┌─────────────────────────┐
                │                 ├───│ 6.矿山工程               │
                │                 │   └─────────────────────────┘
                │                 │   ┌─────────────────────────┐
                │                 ├───│ 7.构筑物工程             │
                │                 │   └─────────────────────────┘
                │                 │   ┌─────────────────────────┐
                │                 ├───│ 8.城市轨道交通工程        │
                │                 │   └─────────────────────────┘
                │                 │   ┌─────────────────────────┐
                │                 └───│ 9.爆破工程               │
                │                     └─────────────────────────┘
```

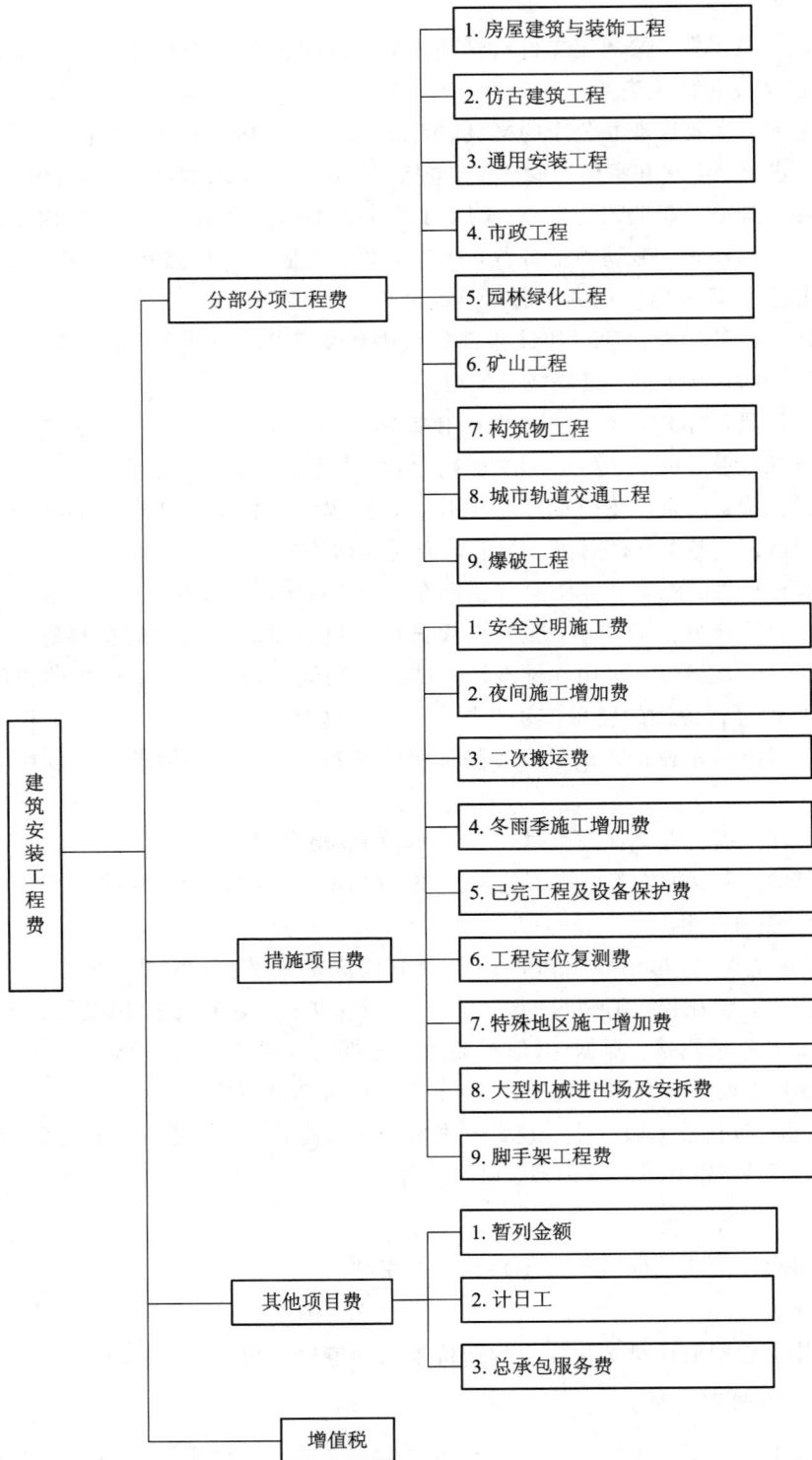

图 5.3　建筑安装工程费用构成（按工程造价形成划分）

1）分部分项工程费

分部分项工程费是指各专业工程的分部分项工程应予列支的各项费用。下面对专业工程和分部分项工程进行解释。

（1）专业工程：按现行国家计量规范划分的房屋建筑与装饰工程、仿古建筑工程、通用安装工程、市政工程、园林绿化工程、矿山工程、构筑物工程、城市轨道交通工程、爆破工程等各类工程。

（2）分部分项工程：按现行国家计量规范对各专业工程划分的项目。如房屋建筑与装饰工程划分的土石方工程、地基处理与桩基工程、砌筑工程、钢筋及钢筋混凝土工程等。

各类专业工程的分部分项工程划分见现行国家或行业计量规范。

2）措施项目费

措施项目费是指为完成建设工程施工，发生于该工程施工前和施工过程中的技术、生活、安全、环境保护等方面的费用，具体包括以下九类费用。

（1）安全文明施工费。

① 环境保护费：施工现场为达到环保部门要求所需要的各项费用。

② 文明施工费：施工现场文明施工所需要的各项费用。

③ 安全施工费：施工现场安全施工所需要的各项费用。

④ 临时设施费：施工企业为进行建设工程施工所必须搭设的生活和生产用的临时建筑物、构筑物和其他临时设施费用，包括临时设施的搭设、维修、拆除、清理费用或摊销费用等。

（2）夜间施工增加费：因夜间施工所发生的夜班补助费、夜间施工降效、夜间施工照明设备摊销及照明用电等费用。

（3）二次搬运费：因施工场地条件限制而发生的材料、构配件、半成品等一次运输不能到达堆放地点，必须进行二次或多次搬运所发生的费用。

（4）冬雨季施工增加费：在冬季或雨季施工需增加的临时设施、防滑、排除雨雪，人工及施工机械效率降低等费用。

（5）已完工程及设备保护费：竣工验收前，对已完工程及设备采取的必要保护措施所发生的费用。

（6）工程定位复测费：工程施工过程中进行全部施工测量放线和复测工作的费用。

（7）特殊地区施工增加费：工程在沙漠或其边缘地区、高海拔、高寒、原始森林等特殊地区施工增加的费用。

（8）大型机械进出场及安拆费：机械整体或分体自停放场地运至施工现场或由一个施工地点运至另一个施工地点，所发生的机械进出场运输与转移费用及机械在施工现场进行安装、拆卸所需的人工费、材料费、机械费、试运转费和安装所需的辅助设施的费用。

（9）脚手架工程费：施工需要的各种脚手架搭、拆、运输费用以及脚手架购置费的摊销（或租赁）费用。

措施项目及其包含的内容详见各类专业工程的现行国家或行业计量规范。

3）其他项目费

（1）暂列金额：建设单位在工程量清单中暂定并包括在工程合同价款中的一笔款项，

用于施工合同签订时尚未确定或者不可预见的所需材料、工程设备、服务的采购，施工中可能发生的工程变更、合同约定调整因素出现时的工程价款调整以及发生的索赔、现场签证确认等。

（2）计日工：在施工过程中，施工企业完成建设单位提出的施工图纸以外的零星项目或工作所需。

（3）总承包服务费：总承包人为配合、协调建设单位进行的专业工程发包，对建设单位自行采购的材料、工程设备等进行保管以及施工现场管理、竣工资料汇总整理等服务所需的费用。

4）增值税

具体详见本节"1. 按费用构成要素划分"中增值税相关定义。

3. 建筑安装工程费用的计算方法

1）各费用构成要素参考计算方法

（1）人工费。

① 施工企业投标报价时自主确定人工费的方法如式（5.1）所示，这也是工程造价管理机构编制计价定额确定定额人工单价或发布人工成本信息的参考依据。

$$人工费 = \sum（工日消耗量 \times 企业日工资单价） \qquad (5.1)$$

其中，企业日工资单价由式（5.2）确定：

$$企业日工资单价 = \frac{生产工人平均月工资（计时、计件）+ 平均月工资（奖金 + 津贴补贴 + 特殊情况下支付的工资）}{年平均每月法定工作日}$$

$$(5.2)$$

② 工程造价管理机构编制计价定额时确定定额人工费的方法如式（5.3）所示，这也是施工企业投标报价的参考依据。

$$人工费 = \sum（工程工日消耗量 \times 社会平均日工资单价） \qquad (5.3)$$

社会平均日工资单价是指施工企业平均技术熟练程度的生产工人在每工作日（国家法定工作时间内）按规定从事施工作业应得的日工资总额。

工程造价管理机构确定社会平均日工资单价应通过市场调查、根据工程项目的技术要求，参考实物工程量人工单价综合分析进行，最低日工资单价不得低于工程所在地人力资源和社会保障部门所发布的最低工资标准的：普工1.3倍、一般技工2倍、高级技工3倍。

工程计价定额不可只列一个综合工日单价，应根据工程项目技术要求和工种差别适当划分多种日人工单价，确保各分部工程人工费的合理构成。

（2）材料费。

① 材料费。材料费的计算方法如式（5.4）：

$$材料费 = \sum（材料消耗量 \times 材料单价） \qquad (5.4)$$

其中，材料单价由式（5.5）确定：

$$材料单价 = \{（材料原价 + 运杂费）\times [1 + 运输损耗率（\%）]\} \times [1 + 采购保管费率（\%）]$$

$$(5.5)$$

② 工程设备费。工程设备费的计算方法如式（5.6）：

$$工程设备费 = \sum (工程设备量 \times 工程设备单价) \tag{5.6}$$

其中,工程设备单价由式(5.7)确定:

$$工程设备单价 = (设备原价 + 运杂费) \times [1 + 采购保管费率(\%)] \tag{5.7}$$

(3) 施工机具使用费。

① 施工机械使用费。施工机械使用费的计算方法如式(5.8):

$$施工机械使用费 = \sum (施工机械台班消耗量 \times 机械台班单价) \tag{5.8}$$

其中,机械台班单价由式(5.9)确定:

$$机械台班单价 = 台班折旧费 + 台班大修费 + 台班经常修理费 + 台班安拆费及场外运费 +$$
$$台班人工费 + 台班燃料动力费 + 台班车船税费 \tag{5.9}$$

工程造价管理机构在确定计价定额中的施工机械使用费时,应根据《建筑施工机械台班费用计算规则》结合市场调查编制施工机械台班单价。施工企业可以参考工程造价管理机构发布的台班单价,自主确定施工机械使用费的报价,如租赁施工机械,如式(5.10)所示:

$$施工机械使用费 = \sum (施工机械台班消耗量 \times 机械台班租赁单价) \tag{5.10}$$

② 仪器仪表使用费。仪器仪表使用费的计算方法如式(5.11):

$$仪器仪表使用费 = 工程使用的仪器仪表摊销费 + 维修费 \tag{5.11}$$

(4) 企业管理费费率。

① 以分部分项工程费为计算基础。以分部分项工程费为计算基础的企业管理费费率由式(5.12)确定:

$$企业管理费费率(\%) = \frac{生产工人年平均管理费}{年有效施工天数 \times 人工单价} \times 人工费占分部分项工程费比例(\%) \tag{5.12}$$

② 以人工费和机械费合计为计算基础。以人工费和机械费合计为计算基础的企业管理费费率由式(5.13)确定:

$$企业管理费费率(\%) = \frac{生产工人年平均管理费}{年有效施工天数 \times (人工单价 + 每台班日机械使用费)} \times 100\% \tag{5.13}$$

③ 以人工费为计算基础。以人工费为计算基础的企业管理费费率由式(5.14)确定:

$$企业管理费费率(\%) = \frac{生产工人年平均管理费}{年有效施工天数 \times 人工单价} \times 100\% \tag{5.14}$$

上述公式适用于施工企业投标报价时自主确定管理费,是工程造价管理机构编制计价定额确定企业管理费的参考依据。

工程造价管理机构在确定计价定额中的企业管理费时,应以定额人工费或(定额人工费 + 定额机械费)作为计算基数,其费率根据历年工程造价积累的资料,辅以调查数据确定,列入分部分项工程和措施项目中。

(5) 利润。

① 施工企业根据企业自身需求并结合建筑市场实际自主确定,列入报价中。

② 工程造价管理机构在确定计价定额中的利润时，应以定额人工费或（定额人工费＋定额机械费）作为计算基数，其费率根据历年工程造价积累的资料，并结合建筑市场实际确定，以单位（单项）工程测算，利润在税前建筑安装工程费的比重可按不低于 5％且不高于 7％的费率计算。利润应列入分部分项工程和措施项目中。

（6）增值税。增值税的计算方法如式（5.15）：
$$增值税 = 税前工程造价 \times 增值税适用税率（\%）\tag{5.15}$$

2）建筑安装工程计价参考公式

（1）分部分项工程费。分部分项工程费的计算方法如式（5.16）：
$$分部分项工程费 = \sum（分部分项工程量 \times 综合单价）\tag{5.16}$$

其中，综合单价包括人工费、材料费、施工机具使用费、企业管理费和利润以及一定范围的风险费用（下同）。

（2）措施项目费。措施项目费分为总价措施项目费和单价措施项目费。

总价措施项目费是指以计算基数乘以相应费率来计算金额的项目费用，主要包括安全文明施工费、夜间施工增加费、二次搬运费、冬雨季施工增加费以及已完工程及设备保护费等。总价措施项目费是基于整个项目的规模、复杂性和特定要求来计算的，而不是根据具体的工作量或使用量。

① 安全文明施工费。安全文明施工费的计算方法如式（5.17）：
$$安全文明施工费 = 计算基数 \times 安全文明施工费费率（\%）\tag{5.17}$$

计算基数应为定额基价（定额分部分项工程费＋定额中可以计量的措施项目费）、定额人工费或（定额人工费＋定额机械费），其费率由工程造价管理机构根据各专业工程的特点综合确定。

② 夜间施工增加费。夜间施工增加费的计算方法如式（5.18）：
$$夜间施工增加费 = 计算基数 \times 夜间施工增加费费率（\%）\tag{5.18}$$

③ 二次搬运费。二次搬运费的计算方法如式（5.19）：
$$二次搬运费 = 计算基数 \times 二次搬运费费率（\%）\tag{5.19}$$

④ 冬雨季施工增加费。冬雨季施工增加费的计算方法如式（5.20）：
$$冬雨季施工增加费 = 计算基数 \times 冬雨季施工增加费费率（\%）\tag{5.20}$$

⑤ 已完工程及设备保护费。已完工程及设备保护费的计算方法如式（5.21）：
$$已完工程及设备保护费 = 计算基数 \times 已完工程及设备保护费费率（\%）\tag{5.21}$$

上述总价措施项目费的计费基数应为定额人工费或（定额人工费＋施工机具使用费），其费率由工程造价管理机构根据各专业工程特点和调查资料综合分析后确定。

单价措施项目费是指根据定额子目来计算金额的项目费用，例如脚手架工程费，该项目费用通常是根据具体的工作量或使用量来计算的，具体如式（5.22）：
$$措施项目费 = \sum（措施项目工程量 \times 综合单价）\tag{5.22}$$

（3）其他项目费。

① 暂列金额由建设单位根据工程特点，按有关计价规定估算，施工过程中由建设单位掌握使用、扣除合同价款调整后如有余额，归建设单位。

② 计日工由建设单位和施工企业按施工过程中的签证计价。

③ 总承包服务费由建设单位在最高投标限价中根据总承包服务范围和有关计价规定编制，施工企业投标时自主报价，施工过程中按签约合同价执行。

（4）增值税。

建设单位和施工企业均应按照省、自治区、直辖市或行业建设主管部门发布标准计算增值税，不得作为竞争性费用。

3）相关问题的说明

（1）建设单位在编制最高投标限价时，应按照各专业工程的计量规范和计价定额以及工程造价信息编制。

（2）施工企业在使用计价定额时除不可竞争费用外，其余仅作参考，由施工企业投标时自主报价。

5.1.3　设备及工器具购置费用的构成和计算

设备、工器具购置费包括设备购置费和工器具及生产家具购置费，它是工程造价（固定资产投资）的重要组成部分。目前，设备费在项目投资中所占比重在逐年增加，也从另一个角度体现了生产技术的进步和固定资产有机构成的提高。因此，正确地计算设备、工器具购置费，对于资金的合理使用和建设项目投资效果的管控具有十分重要的意义。

1. 设备购置费的计算

设备购置费是指建设项目购置或自制的达到固定资产标准的设备、工器具及家具的费用，由设备原价和设备运杂费构成，具体如式（5.23）：

$$设备购置费 = 设备原价 + 设备运杂费 \tag{5.23}$$

其中，设备原价是指供应价或供货地点价，区分国产标准设备、国产非标准设备与进口设备，其计算方法各不相同；设备运杂费是指除设备原价之外的关于设备采购、运输、途中包装及仓库保管等方面支出费用的总和。

1）设备原价的计算

国产设备原价具有多种表现形式，可以是生产厂商或供应商的交货价，也可以是出厂价、供应价、供货地点价或订货合同价等。国产设备原价可根据采购方询价、生产厂商或供应商的报价、最终合同价来确定，或通过计算确定。国产设备分为国产标准设备和国产非标准设备。

国产标准设备是指由国内生产厂商按照主管部门颁布的标准图纸和技术要求批量生产的、符合国家质量检验标准的设备。国产标准设备原价一般指的是生产厂商的交货价，即出厂价。若设备需要由设备成套供应商提供，就以订货合同价作为设备原价。需要注意的是部分设备有带备件的和不带备件的两种出厂价，在计算设备原价时需要加以区分，一般按照带备件的出厂价或按定货合同约定计算。

国产非标准设备是由国内生产厂商按照订货时所提供的尚无定型标准且不能成批生产的设计图纸制造的设备。非标准设备由于单件生产、无定型标准，所以无法获取市场交易价格，只能按其成本构成或相关技术参数估算其价格。

非标准设备原价通常有以下四种计算方法。

(1) 成本计算估价法。成本计算估价法是一种比较常用的估算非标准设备原价的方法，具体计算方法如式(5.24)：

$$非标准设备原价 = 制造成本 + 利润 + 增值税 + 设计费 \tag{5.24}$$

按照成本计算估价法，非标准设备的原价由以下各项组成：

① 材料费，其具体计算方法如式(5.25)：

$$材料费 = 材料净重(吨) \times (1 + 加工损耗系数) \times 每吨材料综合价 \tag{5.25}$$

② 加工费，包括生产工人工资和工资附加费、燃料动力费、设备折旧费、车间经费等，其具体计算方法如式(5.26)：

$$加工费 = 设备总质量(吨) \times 设备每吨加工费 \tag{5.26}$$

③ 辅助材料费(简称辅材费)，包括焊条、焊丝、氧气、氩气、氮气、油漆、电石等费用，其具体计算方法如式(5.27)：

$$辅助材料费 = 设备总质量 \times 辅助材料费指标 \tag{5.27}$$

④ 专用工具费，按①～③项之和乘以一定百分比计算。

⑤ 废品损失费，按①～④项之和乘以一定百分比计算。

⑥ 外购配套件费，按设备设计图纸所列的外购配套件的名称、型号、规格、数量、质量，根据相应的价格加运杂费计算。

⑦ 包装费，按以上①～⑥项之和乘以一定百分比计算。

⑧ 利润，按①～⑤项加第⑦项之和乘以一定利润率计算。

⑨ 非标准设备设计费，按国家规定的设计费收费标准计算。

不含税原价为①～⑨项之和。

综上所述，单台非标准设备原价的计算方法如式(5.28)：

$$
\begin{aligned}
单台非标准设备原价 = \{&[(材料费 + 加工费 + 辅助材料费) \times (1 + 专用工具费费率) \times \\
&(1 + 废品损失费费率) + 外购配套件费] \times (1 + 包装费费率) - \\
&外购配套件费\} \times (1 + 利润率) + 外购配套件费 + \\
&非标准设备设计费 + 增值税
\end{aligned}
\tag{5.28}
$$

(2) 扩大定额估价法。按照扩大定额估价法，非标准设备原价的计算方法如式(5.29)：

$$非标准设备原价 = 材料费 + 加工费 + 其他费 + 设计费 \tag{5.29}$$

(3) 类似设备估价法。类似设备估价法即找到与定制设备类似或同系列设备，根据其邻近已有设备价格或部分构成部分的价格，进行相应的替换而计算出价格。

(4) 概算指标估价法。概算指标估价法是指根据相同行业众多制造厂商或相关部门收集到的相同类型非标准设备的制造价或合同价资料，采用统计分析后综合平均得出每单位设备的价格，再根据该单价进行非标准设备价格估算。

需要说明的是，信息通信基础设施是国家经济命脉和社会运行的"神经系统"，技术后门隐患、供应链断供威胁、标准体系受制会直接影响到国家主权与数据主权。目前，随着我国工业体系的不断健全完善，以及信息通信技术的不断创新突破，我国已由原来的进口大国转变为设备输出国，对进口设备的依赖大大降低。因此，本章节不再详细介绍进口设备原价等内容。

2）设备运杂费的计算

（1）设备运杂费的构成。设备运杂费是指国内采购设备自来源地、国外采购设备自到岸港运至工地仓库或指定堆放地点发生的采购、运输、运输保险、保管、装卸等费用，通常由下述各项构成。

① 运费和装卸费：国产设备由设备制造厂交货地点起至工地仓库（或施工组织设计指定的需要安装设备的堆放地点）止所发生的运费和装卸费。

② 包装费：在设备原价中没有包含的，为运输而进行的包装支出的各种费用。

③ 设备供销部门的手续费：按有关部门规定的统一费率计算。

④ 采购与仓库保管费：采购、验收、保管和收发设备所发生的各种费用，包括设备采购人员、保管人员和管理人员的工资、工资附加费、办公费、差旅交通费，设备供应部门办公和仓库所占固定资产使用费、工具用具使用费、劳动保护费、检验试验费等这些费用可按主管部门规定的采购与保管费费率计算。

（2）设备运杂费的计算。设备运杂费的计算方法如式(5.30)：

$$设备运杂费 = 设备原价 \times 设备运杂费费率 \qquad (5.30)$$

其中，设备运杂费费率按各部门及省、市等的规定计取。

2. 工器具及生产家具购置费

工器具及生产家具购置费，是指新建或扩建项目初步设计规定的，保证初期正常生产必须购置的没有达到固定资产标准的设备、仪器、工卡模具、器具、生产家具和备品备件等的购置费用，一般以设备费为计算基数，按照部门或行业规定的工具、器具及生产家具费费率计算，具体计算方法如式(5.31)：

$$工器具及生产家具购置费 = 设备购置费 \times 费率 \qquad (5.31)$$

5.1.4　工程建设其他费用的构成和计算

工程建设其他费用是指应在建设投资中开支的固定资产其他费用、无形资产费用和其他资产费用。它的时间范围从项目决策阶段起到项目实施阶段止，它的费用范围包括除建筑安装工程费用和设备、工器具购置费用以外，为保证工程建设和交付使用后能够正常发挥效用而发生的费用。

工程建设其他费包括许多独立的项目，它们的发生与否有较大的不确定性。对于不同的建设项目有些费用可能发生，而另一些项目可能就不会发生；同一项费用在不同的建设项目中发生的概率和数量也不尽相同。不同的行业、建设规模、产品方案和工艺流程都会对工程建设其他费的支出产生影响。此外，工程建设其他费的内容和数额也和国家经济管理体制以及国家在一定时期所执行的政策密切相关。因此，工程建设其他费的计算，要充分了解建设项目自身的特点和国家、投资方以及工程所在地的相关政策规定，灵活全面地进行考虑。

1. 项目建设管理费

项目建设管理费是指项目建设单位从项目筹建之日起至办理竣工财务决算之日止发生

的管理性质的支出。其中包括不在原单位发工资的工作人员工资及相关费用、办公费、办公场地租用费、差旅交通费、劳动保护费、工具用具使用费、固定资产使用费、招募生产工人费、技术图书资料费(含软件)、业务招待费、施工现场津贴、竣工验收费和其他管理性质开支。

实行代建制管理的项目,一般不得同时列支代建管理费和项目建设管理费,确需同时发生的,两项费用之和不得高于本规定的项目建设管理费限额。

项目建设管理费的计算方法如式(5.32):

$$项目建设管理费 = 工程费用 × 项目建设管理费费率 \qquad (5.32)$$

其中,项目建设管理费费率参照《关于印发〈基本建设项目建设成本管理规定〉的通知》(财建〔2016〕504号)执行,具体如表5.1所示。

表 5.1　项目建设管理费费率表　　　　　(单位:万元)

工程总概算	费率(%)
1000 以下	2
1001～5000	1.5
5001～10 000	1.2
10 001～50 000	1
50 001～100 000	0.8
100 000 以上	0.4

2. 建设用地与工程准备费

建设用地与工程准备费是指取得土地与工程建设施工准备所发生的费用,包括土地使用费和补偿费、场地准备费、临时设施费等。

1)土地使用费和补偿费

建设用地的取得,实质是依法获取国有土地的使用权。根据《中华人民共和国土地管理法》《中华人民共和国土地管理法实施条例》《中华人民共和国城市房地产管理法》《中华人民共和国城镇国有土地使用权出让和转让暂行条例(2020修订)》的规定,取得土地使用权一般分为出让、划拨、转让三种方式。土地使用权出让是指国家以土地所有者的身份将土地使用权在一定年限内让予土地使用者,并由土地使用者向国家支付土地使用权出让金的行为;土地使用权划拨是指土地使用者通过各种方式依法无偿取得的土地使用权;土地使用权转让是指土地使用者将土地使用权再转移的行为,包括出售、交换和赠予。

建设用地如通过行政划拨方式取得,须承担征地补偿费用或对原用地单位或个人的拆迁补偿费用;若通过市场机制取得,则不但承担以上费用,还须向土地所有者支付有偿使用费,即土地出让金。

（1）征地补偿费用。

① 土地补偿费。土地补偿费是对农村集体经济组织因土地被征用而造成的经济损失的一种补偿。征用耕地的土地补偿费为该耕地被征用前三年平均年产值的六至十倍。征用其他土地的土地补偿费标准，由省、自治区、直辖市参照征用耕地的土地补偿费标准规定。

② 青苗补偿费和地上附着物补偿费。其是指在土地征收过程中，由于征地施工导致正在生长的农作物受损时，由用地单位按照一定的标准向农作物所有人支付的补偿费用。具体的补偿标准通常取决于当地的实际情况，并且可能受到农作物种类、生长阶段、收获可能性等因素的影响。地上附着物补偿费是指在国家建设用地过程中，为了弥补因征收土地而给被征地单位造成的地上物损失，由用地单位支付的一种补偿形式。这种补偿涵盖了地上建筑物、构筑物（如房屋、水井、道路、管线、水渠等）的拆迁和恢复费用，以及林木的补偿或砍伐费用。具体的补偿标准和计算方法由《中华人民共和国土地管理法》规定的省级政府或自治区、直辖市根据当地的实际情况来确定。

③ 安置补助费。安置补助费应支付给被征地单位和安置劳动力的单位，作为劳动力安置与培训的支出，以及作为不能就业人员的生活补助。耕地安置补助费按照需要安置的农业人口数量计算。需要安置的农业人口数量，按照被征收耕地数量除以征地前各被征收单位平均占用耕地数量计算。每个需要安置的农业人口的安置补助费标准为该耕地被征用前三年平均年产值的四至六倍。但是，每公顷被征收耕地的安置补助费，不得超过被征收前三年平均年产值的十五倍。征用其他土地的安置补助费标准，由省、自治区、直辖市参照征用耕地的安置补助费的标准规定。

安置补助费与前述土地补偿费之和尚不能使需要安置的农民保持原有生活水平的，经省、自治区、直辖市人民政府批准，可以增加安置补助费。但是，安置补助费与土地补偿费的总和不得超过土地被征收前三年平均年产值的 30 倍。

④ 耕地开垦费和森林植被恢复费。国家实行占用耕地补偿制度。非农业建设经批准占用耕地的，按照"占多少，垦多少"的原则，由占用耕地的单位负责开垦与所占用耕地的数量和质量相当的耕地；没有条件开垦或者开垦的耕地不符合要求的，应当按照省、自治区、直辖市的规定缴纳耕地开垦费，专款用于开垦新的耕地。涉及占用森林草原的，还应列支森林植被恢复费用。

⑤ 生态补偿与压覆矿产资源补偿费。生态补偿费是指建设项目对水土保持等生态造成影响所发生的除工程费用之外补救或者补偿费用；压覆矿产资源补偿费是指项目工程对被其压覆的矿产资源利用造成影响所发生的补偿费用。

⑥ 其他补偿费。其他补偿费是指项目涉及的对房屋、市政、铁路、公路、管道、通信、电力、河道、水利、厂区、林区、保护区、矿区等不属于建设用地的相关建（构）筑物或设施的补偿费用。

（2）拆迁补偿费。在城市规划区内国有土地上实施房屋拆迁，拆迁人应当对被拆迁人给予补偿、安置。

① 拆迁补偿金。拆迁补偿的方式可以实行货币补偿，也可以实行房屋产权调换。货币补偿的金额，根据被拆迁房屋的区位、用途、建筑面积等因素，以房地产市场评估价格确定。具体办法由省、自治区、直辖市人民政府制定；实行房屋产权调换的，拆迁人与被拆迁人按照计算得到的被拆迁房屋的补偿金额和所调换房屋的价格，结清产权调换的差价。

②迁移补偿费。包括征用土地上的房屋及附属构筑物、城市公共设施等拆除、迁建补偿费，搬迁运输费，企业单位因搬迁造成的减产、停工损失补贴费，拆迁管理费等。

拆迁人应当对被拆迁人或者房屋承租人支付搬迁补助费，对于在规定的搬迁期限届满前搬迁的，拆迁人可以给付提前搬家奖励费；在过渡期限内，被拆迁人或者房屋承租人自行安排住处的，拆迁人应当支付临时安置补助费；被拆迁人或者房屋承租人使用拆迁人提供的周转房的，拆迁人不支付临时安置补助费。迁移补偿费的标准由省、自治区、直辖市人民政府规定。

（3）出让金、土地转让金。《中华人民共和国土地管理法》明确以出让等有偿使用方式取得国有土地使用权的建设单位，按照国务院规定的标准和办法，缴纳土地使用费和土地使用权出让金等其他费用后，方可使用土地。土地使用权出让金为用地单位向国家支付的土地所有权收益，出让金标准一般参考城市基准地价并结合其他因素制定。基准地价是指在城镇规划区范围内，对不同级别的土地或者土地条件相当的均质地域，按照商业、居住、工业等用途分别评估的，并由市、县以上人民政府公布的国有土地使用权的平均价格确定。在有偿出让和转让土地时，政府对地价不作统一规定，但应坚持以下原则：地价对目前的投资环境不产生大的影响；地价与当地的社会经济承受能力相适应；地价要考虑已投入的土地开发费用、土地市场供求关系、土地用途、所在区类别、容积率和使用年限等。有偿出让和转让使用权，要向土地受让者征收契税；转让土地如有增值，要向转让者征收土地增值税；土地使用者每年应按规定的标准缴纳土地使用费。土地使用权出让或转让，应先由地价评估机构进行价格评估后，再签订土地使用权出让和转让合同。

土地使用权出让合同约定的使用年限届满，土地使用者需要继续使用土地的，应当至迟于届满前一年申请续期，除根据社会公共利益需要收回该幅土地的，应当予以批准。经批准准予续期的，应当重新签订土地使用权出让合同，依照规定支付土地使用权出让金。

2）场地准备及临时设施费

（1）场地准备费：为使工程项目的建设场地达到开工条件，由建设单位组织进行的场地平整等准备工作而发生的费用。

（2）临时设施费：建设单位为满足施工建设需要而提供的未列入工程费用的临时水、电、路、讯、气等工程和临时仓库等建（构）筑物的建设、维修、拆除、摊销费用或租赁费用，以及铁路、码头租赁等费用。

3．配套设施费

1）城市基础设施配套费

城市基础设施配套费是指建设单位向政府有关部门缴纳的、用于城市基础设施和城市公用设施建设的专项费用。

2）人防易地建设费

人防易地建设费是指建设单位因地质、地形、施工等客观条件限制，无法修建防空地下室的，按照规定标准向人民防空主管部门缴纳的人民防空工程易地建设费。

4．工程咨询服务费

工程咨询服务费是指建设单位在项目建设全过程中委托咨询机构提供经济、技术、法律等服务所需的费用。工程咨询服务费包括可行性研究费、专项评价费、勘察设计费、工程监理费、研究试验费、特殊设备安全监督检验费、招标代理费、设计评审费、技术经济标准使用费、工程造价咨询费、竣工图编制费及其他咨询费。按照《国家发展改革委关于进一步放开建设项目专业服务价格的通知》(发改价格〔2015〕299 号)的规定,工程咨询服务费应实行市场调节价。

　　1) 可行性研究费

　　在工程建设项目投资决策阶段中,编制和评审项目建议书、预可行性研究、可行性研究报告所需的费用称之为可行性研究费。

　　2) 专项评价费

　　专项评价费是指建设单位按照国家规定委托有资质的单位开展专项评价及有关验收工作发生的费用。包括环境影响评价及验收费、安全预评价及验收费、职业病危害预评价及控制效果评价费、地震安全性评价费、地质灾害危险性评价费、水土保持评价及验收费、压覆矿产资源评价费、节能评估费、危险与可操作性分析及安全完整性评价费以及其他专项评价及验收费。

　　3) 勘察设计费

　　工程勘察设计费,包括工程勘察费和工程设计费。

　　(1) 勘察费:指工程勘察机构接受委托,提供收集已有资料、现场踏勘、制定勘察纲要,进行测绘、勘探、取样、试验、测试、检测、监测等勘察作业,以及编制工程勘察文件和岩土工程设计文件等服务收取的费用。

　　(2) 设计费:工程设计机构接受委托,提供编制建设项目初步设计文件、施工图设计文件、非标准设备设计文件、施工图预算文件、竣工图文件等服务收取的费用。

　　《工程勘察设计收费管理规定》(计价格〔2002〕10 号)目前虽然已经废止,但在实际工作中,仍有不少工程项目的勘察设计费计取,采取在其规定收费基础上打折的方式。

　　4) 工程监理费

　　工程监理费是指工程监理机构接受委托,提供建设工程施工阶段的质量、进度、费用控制管理和安全生产监督管理、合同、信息等方面协调管理等服务收取的费用。

　　按照发改价格〔2015〕299 号文件精神,全面放开建设项目专业服务价格,实行市场调节价,工程监理费也可依据国家发展改革委、建设部关于印发《建设工程监理与相关服务收费管理规定》的通知(发改价格〔2007〕670 号),采取在其规定收费基础上打折的方式计取。

　　5) 研究试验费

　　研究试验费是指为建设项目提供或验证设计数据、资料等所进行的必要研究试验及按设计要求在实施过程中必须进行的试验、验证所需的费用称之为研究试验费。包括自行或委托其他部门研究试验所需人工费、材料费、试验设备及仪器使用费等。研究试验费按照设计单位根据项目的需要提出的研究试验内容和要求计算,且不能将以下项目包括在内。

　　(1) 科技三项费(即新产品试制费、中间试验费和重要科学研究补助费)已开支的项目。

　　(2) 建筑安装工程费中列支的对材料、构件进行一般鉴定、检查所发生的费用及技术革新的研究试验费。

　　(3) 勘察设计费或工程费已开支的项目。

　　6) 特殊设备安全监督检验费

　　特殊设备安全监督检验费是指对在施工现场安装的列入国家特种设备范围内的设备

（设施）检验检测和监督检查所发生的应列入项目开支的费用。

特殊设备监造费的特殊设备包括锅炉及压力容器、消防设备、燃气设备、起重设备、电梯、安全阀等特殊设备和设施。

7）工程造价咨询费

工程造价咨询费是指建设单位委托工程造价咨询机构开展造价咨询工作所需的费用。

8）招标代理费

招标代理费是指招标代理机构接受委托，提供代理工程、货物、服务招标，编制招标文件、审查投标人资格，组织投标人踏勘现场并答疑，组织开标、评标、定标，以及提供招标前期咨询、协调合同的签订等服务收取的费用。

9）设计评审费

设计评审费是指建设单位委托相关机构对设计文件进行评审所需的费用，包括初步设计文件和施工图设计文件等的评审费用。

10）技术经济标准使用费

技术经济标准使用费是指建设项目投资确定与计价、费用控制过程中使用相关技术经济标准时所发生的费用。

11）竣工图编制费

竣工图编制费是指建设单位委托相关机构编制竣工图所需的费用。

5. 建设期计列的生产经营费

建设期计列的生产经营费是指为达到生产经营条件在建设期发生或将要发生的费用。包括联合试运转费、专利及专有技术使用费、生产准备费等。

1）联合试运转费

联合试运转费是指新建或新增生产能力的工程项目，在交付生产前按照批准的设计文件规定的工程质量标准和技术要求，对整个生产线或装置进行负荷联合试运转所发生的费用净支出。包括试运转所需材料、燃料及动力消耗、低值易耗品、其他物料消耗、机械使用费、联合试运转人员工资、施工单位参加试运转人工费、专家指导费，以及必要的工业炉烘炉费。

2）专利及专有技术使用费

专利及专有技术使用费是指在建设期内取得专利、专有技术、商标、商誉和特许经营的所有权或使用权发生的费用。包括工艺包费、设计及技术资料费、有效专利、专有技术使用费、技术保密费和技术服务费等；商标权、商誉和特许经营权费；软件费等。

3）生产准备费

生产准备费是指在建设期内，建设单位为保证项目正常生产而发生的人员培训、提前进厂费，以及投产使用必备的办公、生活家具用具及工器具等的购置费用。

新建项目按设计定员为基数计算，改扩建项目按新增设计定员为基数计算，具体计算方法如式（5.33）：

$$生产准备费 = 设计定员 × 生产准备费指标(元／人) \tag{5.33}$$

6. 工程保险费

工程保险费是指在建设期内对建筑工程、安装工程、机械设备和人身安全进行投保而发生的费用。包括建筑安装工程一切险、工程质量保险、进口设备财产保险和人身意外伤害险等。工程保险费是为转移工程项目建设的意外风险而发生费用，不同的建设项目可根据工程特点选择投保险种。

7. 安全生产费

安全生产费是指企业按照规定标准提取，在成本（费用）中列支，专门用于完善和改进企业或者项目安全生产条件的资金。财政部、应急部《关于印发〈企业安全生产费用提取和使用管理办法〉的通知》（财资〔2022〕136 号）中明确：建设工程施工企业以建筑安装工程造价为依据，于月末按工程进度计算提取企业安全生产费用。以通信工程为例，其安全生产费费率标准为 2%，具体计算方法如式（5.34）：

$$安全生产费 = 建筑安装工程造价 × 安全生产费费率（通信工程为 2\%）\qquad (5.34)$$

8. 引进技术和进口设备材料其他费

引进技术和进口设备材料其他费是指引进技术和设备发生的但未计入引进技术费和设备材料购置费的费用。包括图纸资料翻译复制费、备品备件测绘费、出国人员费用、来华人员费用、银行担保及承诺费、进口设备材料国内检验费等。

9. 特殊设备安全监督检验费

特殊设备安全监督检验费是指对在施工现场安装的列入国家特种设备范围内的设备（设施）检验检测和监督检查所发生的应列入项目开支的费用。

10. 其他税金

其他税金指建设单位在建设期内按国家相关规定缴纳的税金。包括建设单位发生的土地使用税、耕地占用税、契税、车船税、印花税等除增值税外的税金。

5.1.5　预备费、建设期利息和增值税

1. 预备费

预备费是指在建设期内因各种不可预见因素的变化而预留的可能增加的费用，按使用功能分为基本预备费和价差预备费。

1）基本预备费

基本预备费是指在投资估算或设计概算阶段预留的，由于工程实施中不可预见的工程变更及洽商、一般自然灾害处理、地下障碍物处理、超规超限设备运输等可能增加的费用，费用内容包括：

（1）在批准的基础设计和概算范围内增加的设计变更、局部地基处理等费用。

（2）一般自然灾害造成的损失和预防自然灾害所采取措施的费用。

（3）竣工验收时为鉴定工程质量，对隐蔽工程进行必要的挖掘和修复的费用。

（4）超规超限设备运输过程中可能增加的费用。基本预备费的具体计算方法如式（5.35）：

$$基本预备费 = （工程费用 + 工程建设其他费用）× 基本预备费费率\qquad (5.35)$$

基本预备费费率由工程造价管理机构根据项目特点综合分析后确定。

2）价差预备费

价差预备费是指为在建设期间内利率、汇率或价格等因素的变化而预留的可能增加的费用。具体可能包括人工、设备、材料、施工机械的价差费；建筑安装工程费及工程建设其他费用调整，利率、汇率调整等增加的费用。

价差预备费一般根据国家规定的投资综合价格指数，按估算年份价格水平的投资额为基数，采用复利方法计算，具体计算方法如式（5.36）：

$$P = \sum_{i=1}^{n} I_t \left[(1+f)^m (1+f)^{0.5} (1+f)^{t-1} - 1 \right] \tag{5.36}$$

其中：

P——价差预备费（万元）；

n——建设期年份数（年）；

I_t——建设期第 t 年的投资计划额，包括工程费用、工程建设其他费用及基本预备费，即第 t 年的静态投资计划额（万元）；

f——投资价格指数；

t——建设期第 t 年；

m——建设前期年限（从编制概算到开工建设年数，年）。

价差预备费中的投资价格指数按国家颁布的计取，当前暂时为零，计算式中 $(1+f)^{0.5}$ 表示建设期第 t 年当年投资分期均匀投入考虑涨价的幅度，对设计建设周期较短的项目价差预备费计算公式可简化处理。特殊项目或必要时可进行项目未来价差分析预测，确定各时期投资价格指数。

2. 建设期利息

工程建设项目投资的资金若来源于贷款，则建设期间应付银行的贷款利息和相关财务费用，按规定应列入建设项目投资之内，并单独以建设期利息项目来体现。

建设期利息包括向国内银行和其他非银行金融机构贷款、出口信贷、外国政府贷款、国际商业银行贷款以及在境内外发行的债券等在建设期内应偿还的借款利息。国外贷款利息的计算中还应包括国外贷款银行根据贷款协议向贷款方以年利率的方式收取的手续费、管理费、承诺费，以及国内代理机构经国家主管部门批准的以年利率的方式向贷款单位收取的转贷费、担保费、管理费等。

根据建设期资金用款计划，建设期利息的估算可按当年借款在当年年中支用考虑，即当年借款按半年计息，年初累计借款按全年计息。

建设期利息的具体计算方法如式（5.37）：

$$Q = \sum_{j=1}^{n} \left(P_{j-1} + \frac{1}{2} A_j \right) i \tag{5.37}$$

其中：

Q——建设期利息；

P_{j-1}——建设期第 $(j-1)$ 年末贷款累计金额与利息累计金额之和；

A_j——建设期第 j 年贷款金额；

i——贷款年利率；

n——建设期年数(年)。

3. 增值税

将商品(含劳务)在流转过程中产生的增值额作为计税依据而征收的一种流转税称之为增值税。从税务理论来讲，商品生产、流通、劳务服务等多个流转环节中的新增价值或商品的附加值就是增值税的征收基础。增值税是一种价外税，它是由消费者(购买者)来承担交税义务的。简单来说就是有增值就征税，无增值不征税。

增值税按税前造价乘以增值税税率确定。税前造价为人工费、材料费、施工机具使用费、企业管理费和利润之和，各费用项目均以不包含增值税可抵扣进项税额的价格计算。

《中华人民共和国增值税法》于 2024 年 12 月通过，明确规定了 13%、9% 和 6% 的三栏税率结构，具体如表 5.2 所示。

表 5.2　各行业增值税基本税率表

适 用 行 业	税率
货物销售、货物进口、货物租赁	13%
建筑业、交通运输业、基础电信服务、房地产业、农产品	9%
现代服务业、物流业、增值电信服务、金融服务业、生活服务业	6%

5.2　工程计价方法

5.2.1　建设工程计价方法

1. 工程计价的基本方法

工程计价是按照法律法规和标准规定的程序、方法和依据，对工程建设项目实施各阶段的工程造价及其构成的预测和确定的行为。工程计价的方法多种多样，但工程计价的基本过程和原理是一致的。工程计价的基本方法和原理就是一个从分解到组合的过程，其一般顺序为：分部分项工程单价—单位工程造价—单项工程造价—建设项目总造价。

工程计价方法主要包括定额计价法和工程量清单计价法两种。一般来说，工程定额主要用于国有资金投资工程编制投资估算、设计概算和施工图预算，对于非国有资金投资工程，在项目建设前期和交易阶段，工程定额可以作为计价的辅助依据。工程量清单主要用于建设工程发承包及实施阶段，工程量清单计价用于合同价格形成以及后续的合同价款管理。根据《建筑工程工程量清单计价标准》(GB/T 50500—2024)的规定，综合单价是完成工程量清单中一个规定计量单位项目所需的人工费、材料费、施工机具使用费、管理费和利润，以及一定范围的风险费用。而增值税是在求出单位工程分部分项工程费、措施项目费和其他项目费后再统一计取。

1）工程费用的计算

工程费用是计算建设项目工程造价的基础，也是工程计价最为核心的内容。工程费用的具体计算方法如式(5.38)：

$$X = \sum_{i=1}^{l} \sum_{j=0}^{m} \sum_{k=0}^{n} Q_{ijk} P_{ijk} + \sum_{r=0}^{v} H_r \qquad (5.38)$$

其中：

Q_{ijk}——第 i 个单项工程中第 j 个单位工程中第 k 个分部分项工程的建筑、安装或设备工程量；$i = 1, 2, \cdots, l$；$j = 0, 1, 2, \cdots, m$；$k = 0, 1, 2, \cdots, n$；

P_{ijk}——综合单价，$i = 1, 2, \cdots, l$；$j = 0, 1, 2, \cdots, m$；$k = 0, 1, 2, \cdots, n$；

H_r——措施项目费，$r = 1, 2, \cdots, v$。

式(5.38)中，"$i = 1, 2, \cdots, l$"表示一个建设项目最少为一个单项工程；"$j = 0, 1, 2, \cdots, m$""$k = 0, 1, 2, \cdots, n$""$r = 1, 2, \cdots, v$"表示可以是零个或若干个单位工程、分部分项工程、措施项目，零个表示可以直接进行其上一级工程计价并汇总。

分部组合计价重点是工程实体项目的计价，分为工程计量和工程计价两个环节，如式(5.38)所示，建筑工程费、安装工程费以及设备购置费均可表现为工程量乘以相应的综合单价。一般按清单计价规范和各专业工程的工程量计算规范、估算指标、概算定额、预算定额等计算单项工程、单位工程、分部分项工程工程量。

此外，还要计算工程施工中的不构成工程实体和综合使用的措施费。措施项目费(H_r)分成以下三类。

（1）与实体工程量密切相关的项目，例如混凝土模板，它随实体工程的工程量而变化，一是可以把它的费用计入实体工程费用，即实体工程综合单价包括其费用；二是单独列项计算其费用。

（2）独立性的措施费，例如土方施工需要的护坡工程、降水工程，该类费用应以措施方案的设计文件为依据进行计算。

（3）综合取定的措施项目费，例如工程项目整体考虑和使用的安全文明施工费，该类费用一般以人、材、机费用的合价为基数乘以类似工程的费率进行计算。

2）综合单价的计算

综合单价的计算通常采用定额组价的方法，也即成本法。综合单价的成本法，即根据定额的人、材、机、仪等要素消耗量和工程造价管理机构发布的价格信息或市场价格、费用定额等来计算综合单价。

综合单价的具体计算方法如式(5.39)：

$$P_{ijk} = DP_1 + TP_2 + MP_3 + X + Y \qquad (5.39)$$

其中：

D——人工消耗量；

T——材料消耗量；

M——施工机具消耗量；

P_1、P_2、P_3——人工工日单价、材料单价、施工机具台班单价；

X——企业管理费；

Y——利润。

2. 工程定额计价

1) 工程定额

（1）工程定额是指在正常施工条件下完成规定计量单位的合格建筑安装工程所消耗的人工、材料、施工机具台班、工期天数及相关费率等的数量标准。其中，各类资源应当包括在建设过程中所投入的人工、材料、机械和仪表等要素。

（2）按照定额的编制程序和用途，工程定额可以分为施工定额、预算定额、概算定额、投资估算指标和工期定额五类。

① 施工定额：施工企业直接用于施工管理的一种定额，据此编制施工作业计划和施工预算、计算工料以及向班组下达任务书。施工定额主要包括劳动定额、机械（仪表）台班定额和材料消耗定额等三部分。施工定额遵循平均先进性原则，以同一性质的施工过程为对象，规定劳动消耗量、机械（仪表）工作时间和材料消耗量。施工定额是施工企业成本管理和工料计划的重要依据。

② 预算定额：编制预算时依据的定额，是确定一定计量单位的分部、分项工程或结构构件的人工（工日）、机械（台班）、仪表（台班）和材料消耗的数量标准。

每一项分部、分项工程的定额均规定了具体工作内容，以明确其适用对象，而定额本身则规定了人工工日数、各种材料的消耗量、机械台班数量和仪表台班数量等实物指标。全国统一预算定额里的预算价值，是以某地区的人工、材料和机械台班预算单价为标准计算的，称为预算基价，基价可供设计、预算比较参考。编制预算时，如不能直接套用基价，则应根据各地的预算单价和定额的工料消耗标准，编制地区估价表。

③ 概算定额：编制概算时依据的定额，是确定一定计量单位扩大分部、分项工程的人工（工日）、机械（台班）、仪表（台班）和材料消耗的数量标准，是在初步设计阶段确定建筑（构筑物）概略价值、编制概算、进行设计方案经济比较的依据。也可用来概略地计算人工、材料、机械台班、仪表台班的需求量，作为编制基建工程主要材料申请计划的依据。概算定额的内容、作用与预算定额相似，但项目划分较粗，没有预算定额的准确性高。

④ 投资估算指标：在项目建议书、可行性研究阶段编制投资估算、计算投资需要量时使用的一种定额，它以独立的单项工程或完整的工程项目为计算对象。其概括程度与可行性研究阶段相匹配，为项目决策和投资控制提供依据。投资估算指标虽然是根据历史的预、决算资料和价格变动等资料编制，但其编制仍要以预算定额、概算定额为基础。

⑤ 工期定额：为各类工程规定施工期限天数的定额，包括建设工期定额和施工工期定额。建设工期是指建设项目或独立的单项工程在建设过程中所耗用的时间总量，即从开工建设时起，到全部建成投产或交付使用时为止所经历的时间，但不包括由于计划调整而停缓建所延误的时间，一般用月或天数表示。施工工期一般是指单项工程或单位工程从开工到完工所经历的时间，它是建设工期的一部分。

2）工程定额计价程序

工程定额计价程序从收集资料到编制说明，共历经八个阶段，具体如图 5.4 所示。

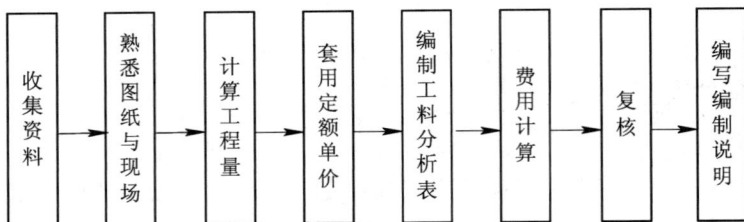

图 5.4　工程定额计价程序

（1）收集资料：工程定额计价程序的第一步是收集资料，主要包括下述四类资料。

① 设计图纸；

② 现行工程计价依据；

③ 工程协议或合同；

④ 施工组织设计。

（2）熟悉图纸和现场：工程定额计价程序的第二步是熟悉图纸和现场，包括熟悉图纸、熟悉现场以及了解施工组织设计有关内容三部分工作。

① 熟悉图纸。对照图纸目录，检查图纸是否齐全；检查采用的标准图集是否齐备；仔细阅读设计说明或附注；关注设计中特殊的施工质量要求，事先列出需要另编补充定额的项目；检查平面坐标和竖向布置标高的控制点；梳理本工程与总图的关系。

② 熟悉必要的现场实际情况。

③ 了解施工组织设计有关内容。施工组织设计是由施工单位根据施工特点、现场情况、施工工期等有关条件编制的，用来确定施工方案，布置现场，安排进度计价时应注意施工组织设计中影响工程费用的因素。

（3）计算工程量是一项工作量很大而又十分细致的工作，其具体步骤如下所述。

① 根据设计图示的工程内容和定额项目，列出需计算工程量的分部分项项目；

② 根据一定的计算顺序和计算规则，按图纸所标明的尺寸、数量以及附有的设备明细表、构件明细表有关数据，列出计算式，计算工程量；

③ 合并同类项，编制工程量汇总表。

工程量是计价的基本数据，计算的精确程度不仅影响到工程造价，而且影响到与之关联的一系列数据，如计划、统计、劳动力、材料等，它对整个企业的经营管理具有重要的意义。因此，工程量计算时，首先，应熟悉图纸的内容和相互关系，注意厘清有关标注和说明；其次，计算的单位一定要与计价依据中的单位相一致；再次，计算方法一般可依照施工图顺序由下而上、由内而外、由左而右依次进行；最后，应防止误算、漏算和重复计算。

（4）套用定额单价：工程量经复核无误方可套用定额，套用定额时应核对工程内容与定额内容是否一致，以防误套。计算人、材、机、仪费用单价应注意下述事项。

① 分项工程名称、规格和计算单位必须与定额中所列内容完全一致。即在定额中找出

与之相适应的项目编号，查出该项工程的单价。套单价要求准确、适用，否则得出的结果就会偏高或偏低。

② 定额换算。任何定额本身的制定都是按照一般情况综合考虑的，存在许多缺项和不完全符合图纸要求的地方，如材料品种改变，混凝土和砂浆强度等级与定额规定不同，使用的施工机具种类型号不同。因此必须根据定额进行换算，即以某分项定额为基础进行局部调整。

③ 补充定额编制。当施工图纸的某些设计要求与定额项目特征相差甚远，既不能直接套用也不能换算、调整时，必须编制补充定额。

（5）编制工料分析表：根据各分部分项工程的实物工程量和相应定额中的项目所列的用工工日及材料数量，计算出各分部分项工程所需的人工及材料数量，相加汇总便得出该单位工程所需要的各类人工和材料的数量。

（6）费用计算：在项目、工程量、单价经复查无误后，将所列项工程实物量全部计算出来后，就可以按所套用的相应定额单价计算人、材、机、仪费用，进而计算企业管理费、利润及增值税等各种费用，并汇总得出工程造价。

（7）复核：工程计价完成后，需对工程计价结果进行复核，以便及时发现差错，提高成果质量复核时，应对工程量计算公式和结果、套价、各项费用的取费及计算基础和计算结果、材料和人工价格及其价格调整等方面是否正确进行全面复核。

（8）编写编制说明：编制说明是工程计价的有关情况说明，包括编制依据、工程性质、工程范围、设计图纸号、所用计价依据、有关部门的调价文件号、套用单价或补充定额子目的情况以及其他需要说明的问题。封面填写应写明工程名称、工程编号、工程量（建筑面积）、工程总造价、编制单位名称、法定代表人、编制人及其资格证号和编制日期等。

3．工程量清单计价

1）工程量清单的原理

工程量清单计价是依据《建设工程工程量清单计价标准》的规定，在各专业工程的工程量计算规范规定的清单项目设置和工程量计算规则基础上，针对具体工程的施工图纸和施工组织设计核算出各个清单项目的工程量，根据规定的方法计算出综合单价，并汇总各清单合价得出工程总价。

综合单价是指综合考虑技术标准规范、施工工期、施工顺序、施工条件、气候等影响因素以及合同约定范围与幅度内的风险，完成一个工程量清单项目单位数量所需的费用。

工程量清单计价活动涵盖施工招标、合同管理以及竣工交付全过程，主要包括工程量清单编制、最高投标限价编制、投标报价编制、合同工程计量、合同价款调整、合同价款期中支付、工程结算与支付、合同价款争议解决等活动。

2）工程量清单的作用

（1）提供平等竞争条件。面对相同的工程量，由企业根据自身的实力来自主报价，使企业的优势体现到投标报价中，可在一定程度上规范建筑市场秩序，确保工程质量。

（2）满足市场竞争需要。招投标过程是公开、公平、公正地竞争的过程，招标人提供工程量清单，投标人根据自身情况确定综合单价，计算出投标总价。促成了企业整体实力的竞争，有利于我国建设市场的快速发展。

（3）利于工程款拨付和工程造价结算。中标后，中标价即招投标双方确定合同价的基础，投标清单上的单价就成了拨付工程款的依据。招标人根据施工企业完成的工程量，可以很容易地确定进度款的拨付额。工程竣工后，根据设计变更、工程量增减等，招标人也很容易确定工程的最终造价，可在某种程度上减少招标人与施工单位之间的纠纷。

（4）益于加强投资控制。采用工程量清单计价，招标人可对投资变化更清楚，在进行设计变更时，能迅速计算出该工程变更对工程造价的影响，从而能根据投资情况来决定是否变更或进行方案比较，进而加强投资控制。

3）工程量清单计价程序

工程量清单计价程序与工程定额计价程序基本一致，只是其中综合单价分析表与费用计算有所不同，具体如下所述。

（1）编制综合单价分析表：分部分项工程项目综合单价包括人工费、材料费、施工机具使用费和管理费、利润，不包括增值税项目清单确定的增值税。

工程量清单的工程数量，应按照相应的专业工程的工程量计算规范，如《房屋建筑与装饰工程工程量清单计算规范》《通用安装工程工程量清单计算规范》《通信建设工程量清单计算规范》等规定的工程量计算规则计算。

（2）费用计算：工程量计算、综合单价分析经复查无误后，即可进行分部分项工程费、措施项目费、其他项目费和增值税的计算，从而汇总得出工程造价。分部分项工程费的具体计算方法如式（5.40）：

$$\text{分部分项工程费} = \sum (\text{分部分项工程量} \times \text{分部分项工程项目综合单价}) \quad (5.40)$$

措施项目费包括按各专业工程的工程量计算规范规定应予计量的措施项目（单价措施项目）和不宜计量的措施项目（总价措施项目）两类，其具体计算方法分别如式（5.41）、（5.42）：

$$\text{单价措施项目费} = \sum (\text{措施项目工程量} \times \text{措施项目综合单价}) \quad (5.41)$$

$$\text{总价措施项目} = \sum (\text{措施项目计费基数} \times \text{费率}) \quad (5.42)$$

其中，单价措施项目综合单价的构成与分部分项工程项目综合单价构成类似。

4. 工程定额计价与工程量清单计价的区别

随着市场经济在我国的确立和逐步深化，我国建设工程计价也逐渐转向以工程量清单计价为主、定额计价为辅的模式。由于我国地域辽阔，各地的经济发展状况不一致，市场经济程度存在差异；此外，各个不同行业的建设市场也存在着一定的差异性，一刀切地将定额计价立即转变为工程量清单计价尚存在一定的困难。因此，工程量清单计价在我国还需要有一个逐步适应和完善的过程。同时，定额计价模式在一定时期内，在一定行业内仍会继续发挥其不可替代的作用。

实际上，一方面，工程量清单计价和定额计价两种计价模式存在着密不可分的联系；另一方面，两种计价模式也存在着明显的区别，表5.3简要列出了两者之间的不同。

表 5.3　工程定额计价与工程量清单计价的比较

不同点	定额计价法	工程量清单计价法
关注目标不同	更关注工程建设过程中的成本与费用构成，体现全部工程费用	更关注工程建设最终实体净量的成本构成，不包括与发承包阶段无关的费用
工程量编制人不同	招标人和投标人按照设计图纸分别计算，可能存在计算结果不一致的情况	招标人或委托工程造价咨询人统一计算。在整个招标投标过程中，各参与人面对的工程量是一致的
反映的定价方式不同	介于国家定价和国家指导价之间。工程价格或直接由国家决定，或由国家给出一定的指导性标准，承包人可以在标准的允许幅度内实现有限竞争	反映市场定价。其价格的形成可以不受价格管理部门的直接干预，工程造价是根据市场的具体情况，完全竞争形成，具有自发波动和自发调节的特点
适用阶段不同	主要用于项目建设前期各阶段对建设投资的预测和估计；在工程建设交易阶段，通常只能作为建设产品价格形成的辅助依据	主要适用于工程发承包及实施阶段的合同价格形成及后续合同价格管理
项目设置不同	定额项目一般按施工工序、工艺进行设置，定额子目包括的工程内容一般是单一的	工程量清单项目的设置是以一个"综合实体"考虑，"综合实体"可能包括多个定额子目工程内容
计算依据不同	按工程造价管理机构发布的有关规定及定额中的基价定价	按照工程量清单的要求，企业依照企业定额自主报价，反映市场价格
计价费用构成不同	由工程费、工程建设其他费、预备费和建设期利息组成	由分部分项工程费、措施项目费（含安全文明施工）、其他项目费和增值税构成
单价构成不同	采用定额子目基价，只包括定额编制时期的人工费、材料费、机械费和仪表费，并不包括管理费、利润和各种风险因素带来的影响	采用综合单价，包括人工费、材料费、机械费、仪表费、管理费和利润，且各项费用均由投标人根据企业自身情况并考虑各种风险因素自行确定
价差调整方式不同	按工程发、承包双方约定的价格与定额价对比，调整价差	按工程发、承包双方约定价格直接计算，除合同及补充协议有价差调整条款外，综合单价不作调整
计价过程不同	招标人只负责编写招标文件，不设置工程项目内容，也不计算工程量。工程计价的子目和相应的工程量由投标人根据设计文件确定。项目设置、工程量计算、工程计价等工作在一个阶段内完成	招标人需设置清单项目并计算清单工程量，同时在清单项目特征中必须清晰、完整和准确地对工程量进行描述，以便投标人报价

不同点	定额计价法	工程量清单计价法
工、料、机、仪消耗量计算不同	人工、材料、机械、仪表消耗量按社会平均水平编制	人工、材料、机械、仪表消耗量由投标人根据企业定额并结合自身实际情况制定
工程量计算规则不同	定额工程量计算规则，通常为实际施工量	清单工程量计算规则，通常为实物工程净量
价格表现形式不同	采用人工、材料、机械、仪表各项分列的单价，再合并计算管理费和利润等内容最终汇总为总价，分部分项工程费不具有单独存在的意义	主要为分部分项工程综合单价，将人工、材料、机械、仪表、管理费和利润均包括在内
使用范围不同	用于设计概算、施工图预算等造价文件，工程造价鉴定	全部使用国有资金投资或国有资金投资为主并使用工程量清单方式招标、投标的建设项目的发承包和实施阶段
风险分担不同	工程量由投标人计算和确定，差价一般可调整，故投标人一般只承担工程量计算风险，不承担价格风险	以量价风险分离为原则，招标人编制工程量清单，并承担工程量偏差的风险；投标人报价应考虑多种因素确定综合单价，承担合同范围内价格变化的全部风险
体现价格水平不同	社会平均价格水平	企业个别价格水平
工程结算及合同价调整方式不同	定额价格结合取费方式。价格调整方式有变更签证、定额解释、政策性调整	实物工程量×综合单价＋索赔、变更方式，综合单价通过投标报价形式体现，报价作为签订施工合同依据，结算时根据合同形式按综合单价及有关条款调整

5.2.2 人工、材料和施工机具台班消耗量的确定

人工、材料、施工机具台班消耗量以劳动定额、材料消耗量定额、施工机具台班消耗量定额的形式来表现，它是工程计价最为基础的定额，是地方和行业部门编制预算定额的基础，也是个别企业依据其自身的消耗水平编制企业定额的基础。

1. 劳动定额

1）劳动定额的分类与关系

（1）劳动定额的分类。劳动定额一般分为时间定额和产量定额两类。其中，时间定额是指某工种某一等级的工人或工人小组在合理的劳动组织等施工条件下，完成单位合格产品所必须消耗的工作时间；而产量定额是指某工种某等级工人或工人小组在合理的劳动组织等施工条件下，在单位时间内完成合格产品的数量。

（2）时间定额与产量定额的关系。时间定额与产量定额互为倒数，具体关系如式（5.43）：

$$时间定额 = \frac{1}{产量定额}$$ (5.43)

2）工作时间

完成任何施工过程都必须消耗一定的工作时间，工作时间是指工作班的延续时间。建筑安装企业工作班的延续时间为 8 h/工日。

工作时间的研究是将劳动者整个生产过程中所消耗的工作时间，根据其性质、范围和具体情况进行科学划分、归类，明确规定哪些属于定额时间，哪些属于非定额时间，找出非定额时间损失的原因，以便拟定技术组织措施，消除产生非定额时间的因素，以充分利用工作时间，提高劳动生产率。

对工作时间消耗的研究可以分为两个系统进行，即工人工作时间消耗和工人所使用的机械工作时间消耗。

（1）工人工作时间：工人工作时间可以划分为必须消耗的时间和损失时间两大类。

① 必须消耗的时间是指工人在正常施工条件下，为完成一定数量的产品或任务所必须消耗的工作时间，包括以下内容。

有效工作时间：从生产效果来看与产品生产直接有关的时间消耗，包括基本工作时间、辅助工作时间、准备与结束工作时间的消耗。其中，基本工作时间是指工人完成与产品生产直接有关的工作时间，如砌砖施工过程的挂线、铺灰浆、砌砖等工作时间，基本工作时间一般与工作量的大小成正比；辅助工作时间是指为了保证基本工作顺利完成而同技术操作无直接关系的辅助性工作时间，如修磨校验工具、移动工作梯、工人转移工作地点等所需时间；准备与结束工作时间是指工人在执行任务前的准备工作（包括工作地点、劳动工具、劳动对象的准备）和完成任务后的整理工作时间。

休息时间：工人为恢复体力所必需的休息时间。

不可避免的中断时间：由于施工工艺特点所引起的工作中断时间。如汽车司机等候装货的时间，安装工人等候构件起吊的时间等。

② 损失时间是指与产品生产无关，而与施工组织和技术方面的缺点有关，与工人在施工过程中的个人过失或某些偶然因素有关的时间消耗。主要包括下述三种时间。

多余和偶然工作时间：在正常施工条件下不应发生的时间消耗，如拆除超过图示高度的多余墙体的时间；

停工时间：分为施工本身造成的停工时间和非施工本身造成的停工时间，如材料供应不及时，由于气候变化和水、电源中断而引起的停工时间；

违反劳动纪律的损失时间：在工作班内工人迟到、早退、闲谈、办私事等原因造成的工时损失。

（2）机械工作时间的分类与工人工作时间的分类不尽相同，比如在必须消耗的时间中所包含的有效工作时间的内容不同。通过分析可以看到，两种时间的不同点是由机械本身的特点所决定的。

① 必须消耗的时间。

有效工作时间：正常负荷下的工作时间、有根据地降低负荷下的工作时间。

不可避免的无负荷工作时间：由施工过程的特点所造成的无负荷工作时间，如推土机到达工作段终端后倒车的时间，起重机吊完构件后返回构件堆放地点的时间等。

不可避免的中断时间：与工艺过程的特点、机械使用中的保养、工人休息等有关的中断时间，如汽车装卸货物的停车时间，给机械加油的时间，工人休息时的停机时间。

② 损失时间。

机械多余的工作时间：机械完成任务时无须包括的工作占用时间，如灰浆搅拌机搅拌时多运转的时间，工人没有及时供料而使机械空运转的延续时间。

机械停工时间：由于施工组织不好及由于气候条件影响所引起的停工时间，如未及时给机械加水、加油而引起的停工时间。

违反劳动纪律的停工时间：由于工人迟到、早退等原因引起的机械停工时间。

低负荷下的工作时间：由于工人或技术人员的过错所造成的施工机具在低负荷的情况下工作的时间。

3）劳动定额的编制方法

劳动定额的编制方法主要有经验估计法、统计分析法、技术测定法以及比较类推法四种。

（1）经验估计法：根据定额员、技术员、生产管理人员和老工人的实际工作经验，对生产某一产品或完成某项工作所需的人工、施工机具、材料数量进行分析、讨论和估算，并最终确定定额耗用量的一种方法。

经验估计法的主要特点是方法简单，工作量小，便于及时制定和修订定额。但制定的定额准确度不高，难以保证质量。经验估计法一般适用于多品种生产或单件、小批量生产的企业，以及新产品试制和临时性生产。

（2）统计分析法：根据过去生产同类型产品、零件的实作工时（在一定的生产技术组织条件下，个人为了完成特定产品的制造或者某个任务的执行而实际消耗的劳动时间）或统计资料，经过整理和分析，考虑今后企业生产技术组织条件的可能变化来制定定额的方法。

统计分析法又可细分为简单平均法和加权平均法。统计分析法的主要特点是方法简便易行，工作量较小，由于具有一定的资料作为依据，制定定额的质量比经验估计法略为准确。但如果原始记录和统计资料不准确，将会直接影响定额的质量。统计分析法适用于大量生产或成批生产的企业。一般生产条件比较正常、产品较固定、原始记录和统计工作比较健全的企业均可采用统计分析法。

（3）技术测定法：通过对施工过程的具体活动进行实地观察，详细记录工人和机械的工作时间消耗、完成产品数量及有关影响因素，并将记录结果予以研究、分析以及存真去伪，整理出可靠的原始数据资料，为制定定额提供科学依据的一种方法。

技术测定法是一种较为先进和科学的方法。它的主要优点是重视现场调查研究和技术分析，有一定的科学技术依据，制定定额的准确度较高，定额水平易达到平衡，可发现和揭露生产中的实际问题；缺点是费时费力，工作量较大，不具备一定的文化和专业技术水平难以胜任此项工作。

（4）比较类推法：也叫典型定额法。比较类推法是在相同类型的项目中选择有代表性的典型项目，然后根据测定的定额用比较类推的方法编制其他相关定额的一种方法。

比较类推法应具备一定的前提条件，即结构上的相似性、工艺上的同类性、条件上的可比性、变化的规律性。比较类推法制定定额因有一定的依据和标准，其准确性和平衡性较好；缺点是制定典型零件或典型工序的定额标准时，工作量较大。同时，如果典型代表件选择不当，就会影响工时定额的可靠性。

2. 材料消耗定额

1）材料消耗定额的概念

材料消耗定额是指在正常的施工条件和合理使用材料的情况下，生产质量合格的单位产品所必须消耗的建筑安装材料的数量标准。

2）净用量定额和损耗量定额

材料消耗定额中主要涉及直接用于建筑安装工程上的材料、不可避免产生的施工废料以及不可避免的施工操作损耗。其中，直接构成建筑安装工程实体的材料称作材料消耗净用量定额，不可避免的施工废料和施工操作损耗量称作材料损耗量定额。

材料消耗净用量定额与损耗量定额之间的具体关系如式（5.44）：

$$材料消耗定额 = 材料消耗净用量 + 材料损耗量$$
$$= 材料消耗净用量 \times (1 + 材料损耗率) \qquad (5.44)$$

其中，材料损耗率的计算方法如式（5.45）：

$$材料损耗率 = \frac{材料损耗量}{材料消耗净用量} \times 100\% \qquad (5.45)$$

3）材料消耗定额的编制方法

材料消耗定额的编制方法主要有现场技术测定法、试验法、统计法以及理论计算法四种。

（1）现场技术测定法主要是为了取得编制材料损耗定额的资料。材料消耗中的净用量比较容易确定，但材料消耗中的损耗量不能随意确定，需通过现场技术测定来区分难以避免的损耗部分以及可以避免的损耗部分，从而确定出较准确的材料损耗量。

（2）试验法是在实验室内采用专用的仪器设备，通过试验的方法来确定材料消耗定额的一种方法，采用该方法提供的数据虽然精确度高，但容易脱离现场实际情况。

（3）统计法是通过对现场用料的大量统计资料进行分析计算的一种方法，采用该方法可获得材料消耗的各项数据，用于编制材料消耗定额。

（4）理论计算法是运用一定的计算公式计算材料消耗量，确定消耗定额的一种方法，该方法比较适合计算块状、板状、卷状等材料的消耗量。

3. 施工机具台班定额

施工机具台班定额是施工机具生产率的反映，编制高质量的施工机具台班定额是合理组织机械化施工，有效地利用施工机具，进一步提高机械生产率的必备条件。

1）拟定正常的施工条件

机械操作与人工操作相比，劳动生产率在更大程度上受施工条件的影响，因此需要高度重视拟定正常的施工条件。

2）确定施工机具纯工作 1 小时的正常生产率

确定施工机具正常生产率必须先确定施工机具纯工作 1 小时的正常生产率。因为只有先取得施工机具纯工作 1 小时正常生产率，才能根据施工机具利用系数计算出施工机具台班定额。

施工机具纯工作时间是指施工机具必须消耗的净工作时间，它包括正常工作负荷下、有根据降低负荷下不可避免的无负荷时间和不可避免的中断时间。施工机具纯工作 1 小时的正常生产率就是在正常施工条件下，由具备一定技能的技术工人操作施工机具净工作 1 小时的劳动生产率。

确定机械纯工作 1 小时正常劳动生产率可以分为三步进行：首先，计算施工机具一次循环的正常延续时间；然后，计算施工机具纯工作 1 小时的循环次数；最后，计算施工机具纯工作 1 小时的正常生产率。

3）确定施工机具的正常利用系数

机械的正常利用系数是指机械在工作班内工作时间的利用率，该系数与工作班内的工作状况有着密切的关系。

确定机械正常利用系数可以分为三步进行：首先，计算工作班在正常状况下，准备与结束工作、机械开动、机械维护等工作所必需消耗的时间，以及机械有效工作的开始与结束时间；其次，计算机械工作班的纯工作时间；最后，确定机械正常利用系数，其计算方法如式（5.46）：

$$机械正常利用系数 = \frac{工作班内机械纯工作时间}{机械工作班延续时间} \tag{5.46}$$

4）计算施工机具台班定额

基于上述已确定的机械工作正常条件、机械 1 小时纯工作时间正常生产率和机械正常利用系数，可最终确定施工机具台班定额，具体计算方法如式（5.47）：

$$施工机具台班定额 = 纯工作 1 小时正常生产率 \times 工作班延续时间 \times 正常利用系数 \tag{5.47}$$

5.2.3　人工、材料和施工机具仪表台班单价的确定

预算定额人工、材料、施工机具台班消耗量确定后，尚需确定人工、材料、机具的台班单价。

1. 人工单价

人工单价是指施工企业平均技术熟练程度的生产工人在每工作日（国家法定工作时间内）按规定从事施工作业应得的日工资总额。合理确定人工工日单价是正确计算人工费和工程造价的前提与基础。

1）人工日工资单价的组成

人工单价由工资、津贴、职工福利费、劳动保护费、社会保险费、住房公积金、工会经费、职工教育经费以及特殊情况下工资性费用等组成，各费用具体定义详见 5.1.2 节。

2）人工日工资单价确定方法

（1）年平均每月法定工作日。由于人工日工资单价是每一个法定工作日的工资总额，因此需要对年平均每月法定工作日进行计算，具体计算方法如式（5.48）：

$$年平均每月法定工作日 = \frac{全年日历日 - 法定假日}{12} \tag{5.48}$$

其中，法定假日是指双休日和法定节日。

（2）日工资单价。确定了年平均每月法定工作日后，将工资总额进行分摊，即形成了人工日工资单价，具体计算方法如式（5.2）所示。

（3）日工资单价的管理。虽然施工企业投标报价时可以自主确定人工费，但由于人工日工资单价在我国具有一定的政策性。因此工程造价管理确定日工资单价应通过市场调查，根据工程项目的技术要求，参考实物工程量人工单价综合分析确定，发布的最低日工资单价不得低于工程所在地人力资源和社会保障部门所发布的最低工资标准的：普工 1.3倍、一般技工 2 倍、高级技工 3 倍。

2. 材料单价

材料单价是建筑材料从其来源地运到施工工地仓库，直至出库形成的综合平均单价。材料单价主要由材料原价（或供应价格）、材料运杂费、运输损耗费以及采购及保管费等费用组成，各费用具体定义详见 5.1.2 小节"建筑安装工程费用的构成和计算"。

其中，材料运输损耗的具体计算方法如式（5.49）：

$$材料运输损耗 ＝（材料原价 ＋ 材料运杂费）\times 运输损耗率 \qquad (5.49)$$

采购及保管费的具体计算方法如式（5.50）：

$$采购及保管费 ＝（材料原价 ＋ 运杂费 ＋ 运输损耗费）\times 采购及保管费费率 \quad (5.50)$$

综上所述，材料单价的具体计算方法如式（5.51）：

$$材料单价 ＝[（材料原价 ＋ 运杂费）\times（1 ＋ 运输损耗率）]（1 ＋ 采购及保管费费率）$$

$$(5.51)$$

当采用一般计税方法时，材料单价中的材料原价、运杂费等均应扣除增值税进项税额。

由于我国幅员辽阔，建筑材料产地与使用地点的距离，各地差异很大，同时采购、保管、运输方式也不尽相同，因此材料单价原则上按地区范围编制。

3. 施工机具台班单价

施工机具台班单价分为施工机械台班单价和施工仪器仪表台班单价。

1）施工机械台班单价

（1）施工机械台班单价的概念。

施工机械使用费是根据施工中耗用的机械台班数量和机械台班单价确定的。施工机械台班耗用量按有关定额规定计算；施工机械台班单价是指一台施工机械，在正常运转条件下一个工作班中所发生的全部费用，每台班按八小时工作制计算。正确制定施工机械台班单价是合理确定和控制工程造价的重要方面。

施工机械共划分为十二个类别：土石方及筑路机械、桩工机械、起重机械、水平运输机械、垂直运输机械、混凝土及砂浆机械、加工机械、泵类机械、焊接机械、动力机械、地下工程机械和其他机械。

当采用一般计税方法时，施工机械台班单价和仪器仪表台班单价中的相关子项均需扣除增值税进项税额。

（2）施工机械台班单价的组成。

① 台班折旧费。台班折旧费是指施工机械在规定的使用期限（即耐用总台班）内，陆续

收回其原值及购置资金的费用，其具体计算方法如式(5.52)：

$$台班折旧费 = \frac{机械预算价格 \times (1 - 残值率)}{耐用总台班}$$ (5.52)

② 台班检修费。台班检修费是指施工机械在规定的耐用总台班内，按规定的检修间隔进行必要的检修，以恢复其正常功能所需的费用。台班检修费是机械使用期限内全部检修费之和在台班费用中的分摊额，它取决于一次检修费、检修次数和耐用总台班的数量，其具体计算方法如式(5.53)：

$$台班检修费 = \frac{一次检修费 \times 检修次数}{耐用总台班} \times 除税系数$$ (5.53)

③ 台班维护费。台班维护费是指施工机械在规定的耐用总台班内，按规定的维护间隔进行各级维护和临时故障排除所需的费用，主要包括保障机械正常运转所需替换与随机配备工具附具的摊销和维护费用、机械运转及日常保养维护所需润滑与擦拭的材料费用及机械停滞期间的维护费用等。各项费用分摊到台班中，即为台班维护费，其具体计算方法如式(5.54)：

$$台班维护费 = \frac{\sum(各级维护一次费用 \times 除税系数 \times 各级维护次数) + 临时故障排除费}{耐用总台班}$$

(5.54)

当台班维护费计算公式中各项数值难以确定时，也可按式(5.55)计算：

$$台班维护费 = 台班检修费 \times K$$ (5.55)

其中，K 为维护费系数，是指台班维护费占台班检修费的百分数。

④ 台班安拆费及场外运费。台班安拆费是指施工机械在现场进行安装与拆卸所需的人工、材料、机械和试运转费用以及机械辅助设施的折旧、搭设、拆除等费用；场外运费是指施工机械整体或分体自停放地点运至施工现场或由一施工地点运至另一施工地点的运输、装卸、辅助材料及架线等费用。

台班安拆费及场外运费根据施工机械不同分为计入台班单价、单独计算和不需计算三种类型。

计入台班单价：安拆简单、移动需要起重及运输机械的轻型施工机械，其安拆费及场外运费计入台班单价。台班安拆费及场外运费应按式(5.56)计算：

$$台班安拆费及场外运费 = \frac{一次安拆费及场外运费 \times 年平均安拆次数}{年工作台班}$$ (5.56)

其中：一次安拆费应包括施工现场机械安装和拆卸一次所需的人工费、材料费、机械费、安全监测部门的检测费及试运转费；一次场外运费应包括运输、装卸、辅助材料、回程等费用；年平均安拆次数按施工机械的相关技术指标，结合具体情况综合确定；运输距离均按平均 30 km 计算。

单独计算：单独计算的情况主要包括安拆复杂、移动需要起重及运输机械的重型施工机械，其安拆费及场外运费单独计算；利用辅助设施移动的施工机械，其辅助设施(包括轨道和枕木)等的折旧、搭设和拆除等费用可单独计算。

不需计算：不需计算的情况包括不需安拆的施工机械，不计算一次安拆费；不需相关机械辅助运输的自行移动机械，不计算场外运费；固定在车间的施工机械，不计算台班安拆费及场外运费。

⑤ 台班人工费。台班人工费是指机上司机（司炉）和其他操作人员的人工费，具体计算方法如式（5.57）：

$$台班人工费 = 人工消耗量 \times \left(1 + \frac{年制度工作日 - 年工作台班}{年工作台班}\right) \times 人工单价 \quad (5.57)$$

其中：人工消耗量指机上司机（司炉）和其他操作人员工日消耗量；年制度工作日应执行编制期国家有关规定；人工单价应执行编制期工程造价管理机构发布的信息价格。

⑥ 台班燃料动力费。台班燃料动力费是指施工机械在运转作业中所耗用的燃料及水、电等费用，具体计算方法如式（5.58）：

$$台班燃料动力费 = \sum (台班燃料动力消耗量 \times 燃料动力单价) \quad (5.58)$$

⑦ 台班其他费。台班其他费是指施工机械按照国家规定应缴纳的车船税、保险费及检测费等，具体计算方法如式（5.59）：

$$台班其他费 = \frac{年车船税 + 年保险费 + 年检测费}{年工作台班} \quad (5.59)$$

其中：年车船税、年检测费应执行编制期国家及地方政府有关部门的规定；年保险费应执行编制期国家及地方政府有关部门强制性保险的规定，非强制性保险不应计算在内。

2）施工仪器仪表台班单价

施工仪器仪表共划分为七个类别：自动化仪表及系统、电工仪器仪表、光学仪器、分析仪表、试验机、电子和通信测量仪器仪表、专用仪器仪表。

施工仪器仪表台班单价由四项费用组成，主要包括折旧费、维护费、校验费、动力费。施工仪器仪表台班单价中的费用组成不包括检测软件的相关费用。

（1）台班折旧费。

施工仪器仪表台班折旧费是指施工仪器仪表在耐用总台班内，陆续收回其原值的费用，具体计算方法如式（5.60）：

$$台班折旧费 = \frac{施工仪器仪表原值 \times (1 - 残值率)}{耐用总台班} \quad (5.60)$$

其中：① 施工仪器仪表原值应按以下方法取定。对从施工企业采集的成交价格，各地区、部门可结合本地区、部门实际情况，综合确定施工仪器仪表原值；对从施工仪器仪表展销会采集的参考价格或从施工仪器仪表生产厂家、经销商采集的销售价格，各地区、部门可结合本地区、部门实际情况，测算价格调整系数取定施工仪器仪表原值；对类别、名称、性能规格相同而生产厂家不同的施工仪器仪表，各地区、部门可根据施工企业实际购进情况，综合取定施工仪器仪表原值；对进口与国产施工仪器仪表性能规格相同的，应以国产为准取定施工仪器仪表原值，进口施工仪器仪表原值应按编制期国内市场价格取定；施工仪器仪表原值应按不含一次运杂费和采购保管费的价格取定。

② 残值率是指施工仪器仪表报废时回收其残余价值占施工仪器仪表原值的百分比。

③ 耐用总台班是指施工仪器仪表从开始投入使用至报废前所积累的工作总台班数量。耐用总台班应按相关技术指标取定，具体计算方法如式（5.61）：

$$耐用总台班 = 年工作台班 \times 折旧年限 \tag{5.61}$$

其中：折旧年限是指施工仪器仪表逐年计提折旧费的年限。折旧年限应按国家有关规定取定。

年工作台班是指施工仪器仪表在一个年度内使用的台班数量，具体计算方法如式(5.62)：

$$年工作台班 = 年制度工作日 \times 年使用率 \tag{5.62}$$

式(5.62)中，年制度工作日应按国家规定制度工作日执行，年使用率应按实际使用情况综合取定。

（2）台班维护费。施工仪器仪表台班维护费是指施工仪器仪表各级维护、临时故障排除所需的费用及为保证仪器仪表正常使用所需备件（备品）的维护费用，具体计算方法如式(5.63)：

$$台班维护费 = \frac{年维护费}{年工作台班} \tag{5.63}$$

其中，年维护费是指施工仪器仪表在一个年度内发生的维护费用。年维护费应按相关技术指标，结合市场价格综合取定。

（3）台班校验费。施工仪器仪表台班校验费是指按国家与地方政府规定的标定与检验的费用，具体计算方法如式(5.64)：

$$台班校验费 = \frac{年检验费}{年工作台班} \tag{5.64}$$

其中，年校验费是指施工仪器仪表在一个年度内发生的校验费用。年校验费应按相关技术指标取定。

（4）台班动力费。施工仪器仪表台班动力费是指施工仪器仪表在施工过程中所耗用的电费，具体计算方法如式(5.65)：

$$台班动力费 = 台班耗电量 \times 电价 \tag{5.65}$$

其中：台班耗电量应根据施工仪器仪表不同类别，按相关技术指标综合取定；电价应执行编制期工程造价管理机构发布的信息价格。

4. 定额基价

定额基价是指反映完成定额项目规定的单位建筑安装产品，在定额编制基期所需的人工费、材料费、施工机具使用费或其总和。相对比较稳定的定额基价，有利于简化概（预）算的编制工作。

1）基价构成

定额基价是由人、材、机单价构成的，具体计算方法如式(5.66)：

$$定额项目基价 = 人工费 + 材料费 + 施工机具使用费 \tag{5.66}$$

其中，人工费、材料费、施工机具使用费的具体计算方法如式(5.1)、(5.4)、(5.8)或(5.10)。

2）定额基价的套用

当施工图的设计要求与预算定额的项目内容一致时，可直接套用预算定额。

在编制单位工程施工图预算的过程中，大多数项目可以直接套用预算定额。套用时应注意以下几点。

（1）根据施工图纸、设计说明和做法说明选择定额项目。

（2）要从工程内容、技术特征和施工方法上仔细核对，才能准确地确定相对应的定额项目。

（3）分项工程项目名称和计量单位要与预算定额相一致。

3）定额基价的换算

当施工图中的分项工程项目不能直接套用预算定额时，就必须进行定额换算。

（1）换算类型。预算定额的换算类型主要包括下述三种类型。

① 当设计要求与定额项目配合比、材料不同时的换算。

② 乘以系数的换算，按定额说明规定对定额中的人工费、材料费、机械费乘以各种系数的换算。

③ 其他换算。

（2）换算方法。根据相关定额，按定额规定换入增加的费用，扣除减少的费用，具体换算方法如式(5.67)：

$$换算后的定额基价 = 原定额基价 + 换入的费用 - 换出的费用 \qquad (5.67)$$

（3）适用范围。适用于砂浆强度等级、混凝土强度等级、抹灰砂浆及其他配合比材料与定额不同时的换算。

5.2.4　建筑安装工程费用定额

1. 建筑安装工程费用定额的编制原则

1）合理性原则

建筑安装工程费用定额的水平应按照社会必要劳动量确定。建筑安装工程费用定额的编制工作是一项政策性很强的技术经济工作。合理的定额水平应该从实际出发。在确定建筑安装工程费用定额时，一方面要及时准确地反映企业技术和施工管理水平，促进企业管理水平不断完善提高，这些因素会对建筑安装工程费用支出的减少产生积极的影响；另一方面也应考虑由于材料价格上涨，定额人工费的变化会使建筑安装工程费用定额有关费用支出发生变化的因素。各项费用开支标准应符合国务院、行业部门以及各省、自治区、直辖市人民政府的有关规定。

2）简明、适用性原则

确定建筑安装工程费用定额，应在尽可能地反映实际消耗水平的前提下，做到形式简明，方便适用。要结合工程建设的技术经济特点，在认真分析各项费用属性的基础上，理顺费用定额的项目划分，有关部门可以按照统一的费用项目划分，制定相应的费率，费率的划分应与不同类型的工程和不同企业等级承担工程的范围相适应，按工程类型划分费率，实行同一工程，同一费率，运用定额计取各项费用的方法应力求简单易行。

3）定性与定量分析相结合的原则

建筑安装工程费用定额的编制要充分考虑可能对工程造价造成影响的各种因素。在确定各种费率如总价措施项目费、企业管理费费率时，既要充分考虑现场的施工条件对某个具体工程的影响，要对各种因素进行定性、定量的分析研究后制定出合理的费用标准，又要贯彻勤俭节约的原则，在满足施工生产和经营管理需要的基础上，尽量压缩非生产人员的人数，以节约企业管理费中的有关费用支出。

2. 企业管理费费率的确定

1）企业管理费的内容

企业管理费是指施工企业组织施工生产和经营管理所发生的费用，主要包括以下内容。

（1）管理人员工资：按规定支付给管理人员的计时工资、奖金、津贴补贴、加班加点工资及特殊情况下支付的工资等。

（2）办公费：企业管理办公用的文具、纸张、账簿、印刷、邮电、书报、办公软件、现场监控、会议、水电、烧水和集体取暖降温（包括现场临时宿舍取暖降温）等费用。当采用一般计税方法时，办公费中增税率进项税额的扣除原则为以购进货物适用的相应税率扣减，其中购进自来水、暖气、冷气、图书、报纸、杂志等适用的税率为9%，接受邮政和基础电信服务等适用的税率为9%，接受增值电信服务等适用的税率为6%，其他一般为13%。

（3）差旅交通费：职工因公出差、调动工作的差旅费、住勤补助费，市内交通费和误餐补助费，职工探亲路费，劳动力招募费，职工退休、退职一次性路费，工伤人员就医路费，工地转移费以及管理部门使用的交通工具的油料、燃料等费用。

（4）固定资产使用费：管理和试验部门及附属生产单位使用的属于固定资产的房屋、设备、仪器等的折旧、大修、维修或租赁费。当采用一般计税方法时，固定资产使用费中增值税进项税额的扣除原则为购入的不动产适用的税率为9%，购入的其他固定资产适用的税率为13%。设备、仪器的折旧、大修、维修或租赁费以购进货物、接受修理修配劳务或租赁有形动产服务适用的税率扣除，均为13%。

（5）工具用具使用费：企业施工生产和管理使用的不属于固定资产的工具、器具、家具、交通工具和检验、试验、测绘、消防用具等的购置、维修和摊销费。当采用一般计税方法时，工具用具使用费中增值税进项税额的扣除原则为以购进货物或接受修理修配劳务适用的税率扣减，均为13%。

（6）劳动保险和职工福利费：由企业支付的职工退职金、按规定支付给离休干部的经费，集体福利费、夏季防暑降温、冬季取暖补贴、上下班交通补贴等。

（7）劳动保护费：企业按规定发放的劳动保护用品的支出。如工作服、手套、防暑降温饮料以及在有碍身体健康的环境中施工的保健费用等。

（8）检验试验费：施工企业按照有关标准，对建筑以及材料、构件和建筑安装物进行一般鉴定、检查所发生的费用，包括自设试验室进行试验所耗用的材料等费用。不包括新结构、新材料的试验费，对构件做破坏性试验及其他特殊要求检验试验的费用和建设单位委托检测机构进行检测的费用，对此类检测发生的费用，由建设单位在工程建设其他费用中列支。但对施工企业提供的具有合格证明的材料进行检测不合格的，该检测费用由施工企业支付。当采用一般计税方法时，检验试验费中增值税进项税额以现代服务业适用的税率

6％扣减。

（9）工会经费：企业按《中华人民共和国工会法》规定的全部职工工资总额比例计提的工会经费。

（10）职工教育经费：按职工工资总额的规定比例计提，企业为职工进行专业技术和职业技能培训，专业技术人员继续教育、职工职业技能鉴定、职业资格认定以及根据需要对职工进行各类文化教育所发生的费用。

（11）财产保险费：施工管理用财产、车辆等的保险费用。

（12）财务费：企业为施工生产筹集资金或提供预付款担保、履约担保、职工工资支付担保等所发生的各种费用。

（13）税金：企业按规定缴纳的房产税、非生产性车船使用税、土地使用税、印花税、城市维护建设税、教育费附加、地方教育附加等各项税费。其中，城市维护建设税、教育费附加、地方教育附加的计算基数均为应纳增值税额（即销项税额－进项税额），但由于在工程造价的前期预测时，无法明确可抵扣的进项税额的具体数额，造成此三项附加税无法计算。因此，根据关于印发《增值税会计处理规定》的通知（财会〔2016〕22 号），城市维护建设税、教育费附加、地方教育附加等均作为"税金及附加"，在管理费中核算。

（14）其他经费，包括技术转让费、技术开发费、投标费、业务招待费、绿化费、广告费、公证费、法律顾问费、审计费、咨询费、保险费等。

2）企业管理费费率

企业管理费由承包人投标报价时自主确定，以分部分项工程费为计算基础时的具体计算方法如式（5.12）所示，以人工费和施工机具使用费合计为计算基础时的具体计算方法如式（5.13）所示，以人工费为计算基础时的具体计算方法如式（5.14）所示。

3. 利润

利润的计算方法如式（5.68）：

$$利润 = 取费基数 \times 相应利润率 \tag{5.68}$$

其中，取费基数可以是人工费，也可以是直接费，或者是直接费与间接费之和。

本 章 小 结

工程造价管理是信息通信工程建设的关键工作，直接影响建设项目的成本控制和经济效益。通过科学的工程造价管理，可以有效降低工程建设过程中的人力、物力和财力消耗，确保合理使用资金、提高项目效益。

工程造价是信息通信工程建设项目预期花费或者实际花费的全部费用，要确定合理的工程造价和有效地控制工程造价，必须明确和掌握工程造价的构成及其计算方法。工程计价就是针对信息通信工程建设项目工程造价的计算，其基本原理是基于工程建设项目的分解与组合，采用一定的计价方法，进行逐步的分部组合汇总，最终核算得出整个工程造价。本章重点阐述了信息通信工程造价的构成及其计价方法。通过本章的学习，能够深刻认识工程造价管理在信息通信工程建设中的作用，根据工程需求灵活运用定额计价法和工程量清单计价法。在学习过程中应注重锻炼数理逻辑思维能力和工程问题解决能力，同时培养一丝不苟的科学态度。

思　考　题

1. 简述建设项目总投资与工程造价的关系，并说明工程造价的构成。

2. 图 5.2 中为何没有规费，原规费的组成费用体现于图中何处？

3. 简述建设工程造价计价的主要方法，并说明它们的特点及适用范围。

4. 简述工程定额的概念及其分类。

5. 如何理解工程造价的多件性与组合性？

6. 设计概算编制过程中，如何处理不可预见的费用？分别讨论两阶段设计中的施工图预算和一阶段设计中的施工图预算，是否需要计列预备费？

7. 简单对比工程定额计价程序与工程量清单计价程序。

8. 下载并学习《建设工程工程量清单计价标准》(GB/T 50500—2024)，思考"量价分离"的含义。

9. 下载并学习《信息通信建设工程费用定额》《信息通信建设工程概预算编制规程》以及《信息通信建设工程预算定额》(工信部通信〔2016〕451 号)，思考工程定额计价与工程量清单计价的区别。

10. 了解现有工程造价计价工具，并思考大数据与人工智能可在哪些方面助力工程造价管理工作。

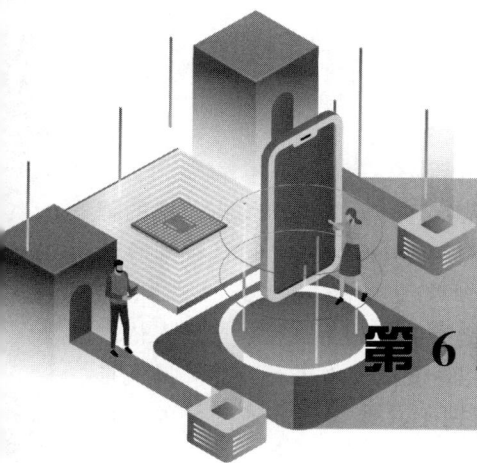

第 6 章 信息通信工程招标投标

招标投标，简称为招投标，是市场经济要求下的一种竞争性采购方式，也是运用技术、经济的方法和市场经济竞争机制的作用，有组织开展的一种择优成交的方式。招标投标在信息通信工程中不仅是选择中标人的手段，更是实现技术先进、成本可控、安全合规、可持续发展的核心机制。通过科学设计招标文件、严格执行评标流程、强化合同履约监管，能够有效提升信息通信基础设施建设的质量与效率，同时推动行业技术创新和规范化发展，为国家数字经济战略提供坚实基础支撑。本章将分别介绍建设工程招标投标与信息通信工程招标投标的方法、流程以及具体要求等。

6.1 建设工程招标投标

6.1.1 建设工程招标投标的概念

招标投标是指在货物、工程和服务的采购行为中，招标人通过事先公布的采购条件和要求，吸引众多投标人按照同等条件进行平等竞争，按照规定程序并组织技术、经济和法律等方面专家对众多的投标人进行综合评审，从中择优选定项目中标人的行为过程。从交易的过程来看，招标投标必然包括招标和投标两个最基本且相互对应的环节。

建设工程采用招标投标方式，是在市场经济条件下产生的，必然受竞争机制、供求机制、价格机制的制约，其根本目的在于鼓励竞争，防止垄断，以较低的价格选择最优的货物、工程和服务。建设工程各个参与单位必须具备一定的条件，才有可能在投标中胜出，这些条件主要是一定的技术、经济实力和管理经验，此外还涉及高效的工作、合理的价格以及良好的信誉等。

6.1.2 建设工程招标投标的特点

招标投标这种择优竞争的采购方式完全顺应市场经济公平竞争、优胜劣汰的要求，它通过事先公布采购条件和要求，众多投标人按照同等条件进行竞争，招标人按照规定程序从中选择中标人这一系列程序，确保实现"公开、公平、公正、诚实信用"的市场竞争原则。

建设工程招标投标一般具有下述五个特点。

（1）程序规范。招标投标活动中的招标、评标、定标以及签订合同等环节均有严格的程序与规则，招标投标程序和条件由招标人事先确定，是在招标方与投标方之间具有同等法律效力的规则，一般情况下不得随意改变。

（2）编制招标、投标文件。在招标投标活动中，招标人必须编制招标文件，投标人依据招标文件编制投标文件并参与投标，招标人委托评标委员会对投标文件进行评审，择优选择中标人。因此，是否编制招标、投标文件，是招标投标区别于其他采购方式的显著特征之一。

（3）开放透明。为确保招标投标活动完全置于公开的社会监督之下，防止发生不正当的交易行为，招标人一般应在指定或选定的报刊等媒体上刊登招标公告，邀请所有潜在的投标人参与投标，并在招标文件中对拟采购的货物、工程或服务做出详细的说明，为供应商和承包商提供共同的投标文件编制依据，阐明评标标准，并在提交投标文件的最后截止日公开开标，整个招标投标过程中严禁招标人与投标人就投标文件的实质性内容进行单独谈判。

（4）公平客观。招标投标活动中，在招标公告或投标邀请书发出后，任何有能力或有资格的投标方均可参与投标，招标方、评标委员会必须公平客观地对待所有投标方，不得存在任何歧视或倾向行为。

（5）一次成交。招标投标活动中，在投标方递交投标文件后到确定中标人之前，招标方不得与投标方就投标价格进行讨价还价，也即投标方只能应邀进行一次性报价，并以此报价作为签订合同的基础。

6.1.3　招标投标的分类和范围

1. 招标投标的分类

建设工程招标投标一般可分为建设项目总承包招标投标、工程勘察设计招标投标、工程施工招标投标、建设项目监理招标投标和货物（设备材料）招标投标等，如图 6.1 所示。

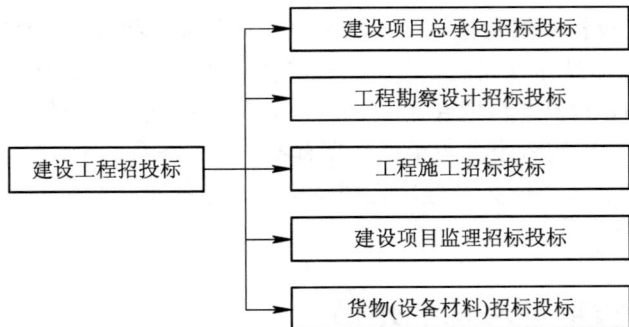

图 6.1　建设工程招标投标的分类

（1）建设项目总承包招标投标又称建设项目全过程招标投标，或"交钥匙"工程招标投标，是指从建设工程的项目建议书开始，包括可行性研究、勘察设计、设备采购、施工准备、施工，直至竣工验收、交付使用，对工程全面实行招标投标。

（2）工程勘察设计招标投标是指招标方就拟建工程的勘察与设计任务发布公告，以法定方式招请勘察设计单位参加投标，具备投标资格的勘察设计单位，按照招标文件的要求，在规定的时间内向招标方提交投标文件，招标方从中择优选定中标人完成工程勘察与设计任务。

（3）工程施工招标投标是针对工程施工阶段的全部工作进行的招标投标活动，根据工程施工范围大小及专业不同，可分为全部工程招标投标、单项工程招标投标以及专业工程招标投标等。

（4）建设项目监理招标投标是针对工程建设过程中的"监理服务"进行的招标投标活动，与建设工程其他招标投标的最大区别表现为监理单位不承担物质生产任务，只是受招标方委托对生产建设过程提供监督、管理、协调与咨询等服务。

（5）货物（设备材料）招标投标是针对与工程建设项目相关的设备、材料供应以及设备安装调试等工作进行的招标投标活动。

2．招标投标的范围

在我国，强制招标的范围主要为工程建设项目，而且是工程建设项目全过程，包括从勘察、设计、施工、监理到设备、材料的采购。

（1）根据《中华人民共和国招标投标法》第三条规定，在中华人民共和国境内进行下列工程建设项目包括项目的勘察、设计、施工、监理以及与工程建设有关的重要设备、材料等的采购，必须进行招标。

① 大型基础设施、公用事业等关系社会公共利益、公众安全的项目。

② 全部或者部分使用国有资金投资或者国家融资的项目。

③ 使用国际组织或者外国政府贷款、援助资金的项目。

（2）中华人民共和国国家发展和改革委员会令（第 16 号）《必须招标的工程项目规定》中明确：全部或者部分使用国有资金投资或者国家融资的项目包括使用预算资金 200 万元人民币以上，并且该资金占投资额 10％以上的项目；使用国有企业事业单位资金，并且该资金占控股或者主导地位的项目。使用国际组织或者外国政府贷款、援助资金的项目包括使用世界银行、亚洲开发银行等国际组织贷款、援助资金的项目；使用外国政府及其机构贷款、援助资金的项目。

上述规定范围内的项目，其勘察、设计、施工、监理以及与工程建设有关的重要设备、材料等的采购达到下列标准之一的，必须招标。

① 施工单项合同估算价在 400 万元人民币以上。

② 重要设备、材料等货物的采购，单项合同估算价在 200 万元人民币以上。

③ 勘察、设计、监理等服务的采购，单项合同估算价在 100 万元人民币以上。

同一项目中可以合并进行的勘察、设计、施工、监理以及与工程建设有关的重要设备、材料等的采购，合同估算价合计达到上述规定标准的，必须招标。

（3）根据《中华人民共和国招标投标法》第六十六条规定，涉及国家安全、国家秘密、抢险救灾或者属于利用扶贫资金实行以工代赈、需要使用农民工等特殊情况，不适宜进行招标的项目，按照国家有关规定可以不进行招标。

《中华人民共和国招标投标法实施条例（2019 修订）》第九条规定，工程建设项目有下列情形之一的，依法可以不进行施工招标。

① 需要采用不可替代的专利或者专有技术。

② 采购人依法能够自行建设、生产或者提供。

③ 已通过招标方式选定的特许经营项目投资人依法能够自行建设、生产或者提供。

④ 需要向原中标人采购工程、货物或者服务，否则将影响施工或者功能配套要求。

⑤ 国家规定的其他特殊情形。

6.1.4 招标方式

《中华人民共和国招标投标法》第十条规定，招标分为公开招标和邀请招标。

1. 公开招标

公开招标是指招标人以招标公告的方式邀请不特定的法人或者其他组织投标。招标人可在指定的报刊、电子网络或其他媒体上发布招标公告，吸引众多投标人参与投标竞争，并从中择优选择中标单位，由于招标人选择范围较大，从而可选出报价合理、工期较短、信誉良好的承包商，有利于打破垄断，实行公平竞争。公开招标是一种无限制的竞争方式，按竞争程度又可以分为国际竞争性招标和国内竞争性招标。

2. 邀请招标

邀请招标是指招标人以投标邀请书的方式邀请特定的法人或者其他组织投标，因此又称为选择性招标或有限竞争招标。经过邀请招标选出的投标单位，一般在施工经验、技术力量、经济和信誉上都较为可靠，能够保证工程建设在进度和质量等方面的要求。同时，由于投标方的数量少（但不少于三家），因而招标投标时间相对缩短，招标投标费用也较少。

由于邀请招标在价格、竞争的公平方面仍存在一些不足之处，因此《中华人民共和国招标投标法》规定，国家重点项目和省、自治区、直辖市的地方重点项目不宜进行公开招标的，经过批准后可以进行邀请招标。

3. 公开招标与邀请招标在招标程序上的主要区别

1）招标信息的发布方式不同

公开招标利用招标公告发布招标信息，而邀请招标以招标邀请书的形式，向三家以上具备实施能力的投标人发布招标信息。

2）对投标人资格审查的时机不同

公开招标由于投标响应者众多，为确保投标人具备相应的实施能力的同时提升评标效率，通常设置"资格预审"程序。邀请招标由于竞争范围小，且招标人对邀请对象的实施能力有一定了解，因此只需在评标阶段进行"资格后审"，即对各投标人的资格和能力进行审查和比较。

3）参与投标的对象不同

在邀请招标中，受邀参与投标的是特定的法人或者其他组织，而公开招标则是向不特定的法人或者其他组织发布招标公告。

6.1.5　招标投标流程

工程项目招标投标一般包括招标准备阶段、招标阶段和决标成交阶段，如图 6.2 所示。公开招标与邀请招标相比，在招标阶段增设了发布招标公告、进行资格预审的程序。

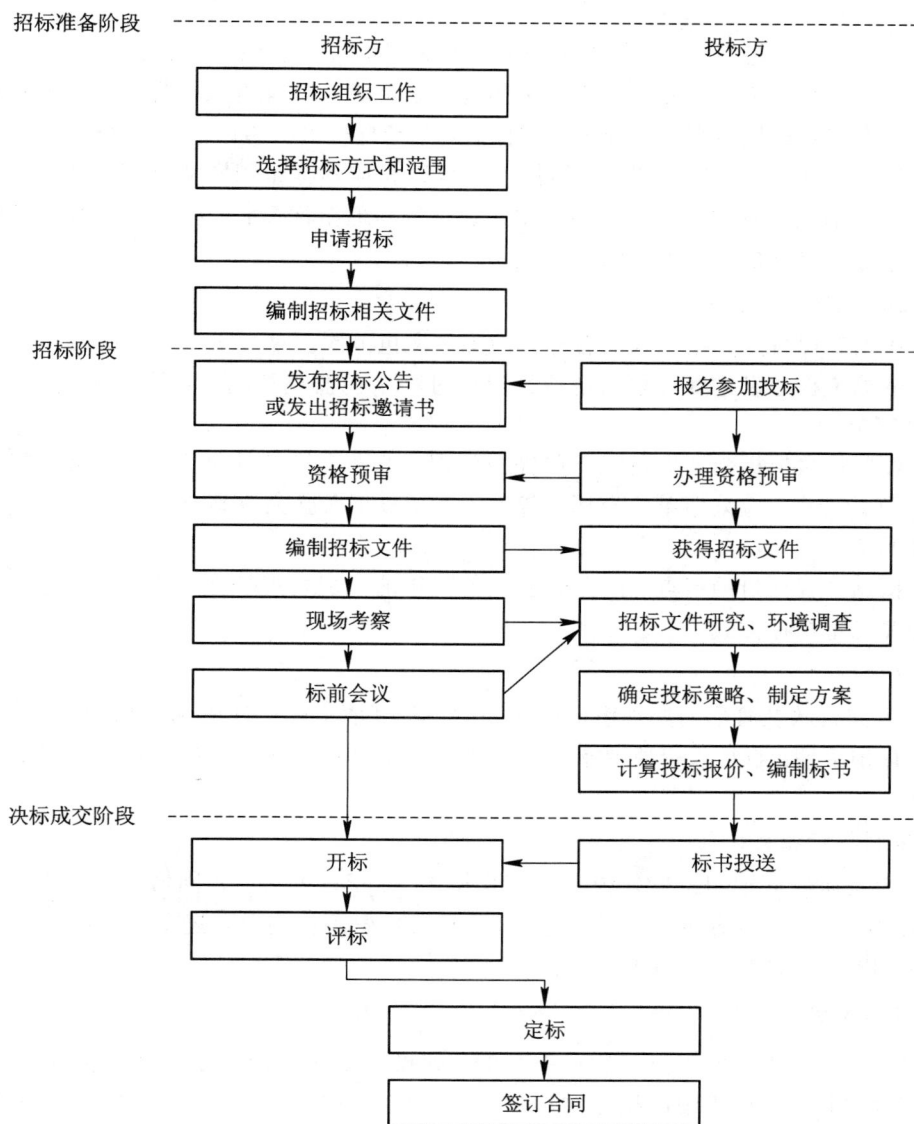

图 6.2　招标投标流程

1. 招标准备阶段

招标投标准备阶段的工作由招标人单独完成，投标人不参与，主要包括下述四个方面工作。

1）招标组织工作

工程建设项目在向行政主管部门办理报建登记手续后，凡满足招标条件的，均可由具备相应招标资质的招标人或招标代理人组织招标，办理招标事宜。

根据招标人是否具备招标资质，招标分为招标人自行组织招标与招标人委托招标代理人代理组织招标两种组织形式，无论采用何种招标组织形式，均应向有关行政监督部门备案。

（1）招标人自行组织招标。招标人设立专门的招标组织，经招标投标管理机构审查合格，确认其具备编制招标文件和组织评标的能力，且能够自行组织招标后，授予其相应资质证书。只有持有招标组织资质证书的招标人，才能自行组织招标、办理招标事宜。

（2）招标代理人代理组织招标。招标人未取得相应招标组织资质证书，可通过书面委托具备相应资质的招标代理人代理组织招标、代为办理招标事宜。招标人委托招标代理人代理招标，必须签订招标代理合同（协议）。

2）选择招标方式和范围

（1）根据工程特点和招标人的管理能力确定发包范围。

（2）依据工程建设进度计划确定项目建设过程中的监理招标、设计招标、施工招标以及设备供应招标。

（3）按照每次招标前期准备工作的完成情况，选择合同的计价方式。如初步设计完成后的大型复杂工程，应采用单价合同；若为施工招标时，已完成施工图设计的中小型工程应采用总价合同。

（4）依据工程项目的特点、招标前期准备工作的完成情况、合同类型等因素的影响程度，选择并确定招标方式。

3）申请招标

招标人向行政主管部门办理申请招标手续，在申请招标文件中阐明招标工作范围、招标方式、计划工期、投标人资质要求、招标项目前期准备工作的完成情况以及招标组织形式等内容。

4）编制招标相关文件

招标准备阶段应编制招标公告、资格预审文件、招标文件、合同协议书以及评标方法等相关文件，保证招标活动的正常进行。经招标投标管理机构对上述文件进行审查认定后，即可发布招标公告或发出投标邀请书。

2. 招标阶段

从发布招标公告或发出招标邀请书开始，到投标截止日期为止的期间称为招标阶段。招标人应合理确定投标人编制投标文件的所需时间，自招标文件发出之日到投标截止日，最短不得少于 20 日。

1）发布招标公告或发出招标邀请书

招标人须在报纸、杂志、广播、电视等大众传媒或工程交易中心公告栏上发布招标公告，以便所有潜在投标人可获取招标信息，确定是否参与竞争。招标公告或招标邀请书的具体格式可由招标人自行确定，一般包括以下内容。

（1）招标人的名称和地址。

（2）招标项目的性质、内容、规模、技术要求和资金来源。

（3）招标项目实施或者交货的时间和地点要求。

（4）获取招标文件或者资格预审文件的时间、地点和方法。

（5）对招标文件或者资格预审文件收取的费用。

（6）提交资格预审申请文件或者投标文件的地点和截止时间。

2）资格预审

资格预审是指工程建设项目在正式投标前，对投标人进行的资信调查，也即资格审查，以确定其是否具备能力承担并完成该工程项目，资格预审文件一般包括以下内容。

（1）资格预审公告。

（2）申请人须知。

（3）资格要求。

（4）业绩要求。

（5）资格审查标准和方法。

（6）资格预审结果的通知方式。

（7）资格预审申请文件格式。

所有申请参与投标的潜在投标人均可购买并填报资格预审文件，招标人向经审查合格的投标人分发招标文件及相关资料，投标人应缴纳一定数量的工本费。资格预审应当按照资格预审文件载明的标准和方法进行，资格预审文件没有规定的标准和方法不得作为资格预审的依据。

3）编制招标文件

招标人根据招标项目特点和需要编制招标文件，以作为投标人编制投标文件和报价的依据，一般包括以下内容。

（1）招标公告或者投标邀请书。

（2）投标人须知。

（3）投标文件格式。

（4）项目的技术要求。

（5）投标报价要求。

（6）评标标准、方法和条件。

（7）网络与信息安全有关要求。

（8）合同主要条款。

招标文件发出后，招标人不得擅自变更其内容，确需进行必要澄清、修改或补充时，至少应在招标文件要求的提交投标文件截止时间 15 日前，书面通知所有获取招标文件的投标人，以便于他们修改投标书。该澄清、修改或补充的内容是招标文件的组成部分，对招标投标双方都有约束力。

4）现场考察

招标人在投标人须知规定的时间内组织投标人自费进行现场考察，以便于投标人了解工程现场及周围的环境情况，获取必要的信息。

5）标前会议

标前会议，又称交底会或投标预备会。针对投标人在研读招标文件、现场考察之后以书面形式提出的质疑问题，招标人既可给予书面解答，也可通过标前会议进行解答，同时将解答内容送达所有获取招标文件的投标人，以保证招标投标的公开和公平。回答问题函件（答疑纪要）作为招标文件的组成部分，如果书面解答的问题与招标文件中规定的不一致，以函件的解答为准。

经过现场考察和标前会议后，投标人可以着手编制投标文件。

3. 决标成交阶段

从开标日到签订合同这一期间称为决标成交阶段，是对各投标人投标文件进行评审比较、最终确定中标人的过程。

1）开标

本着公平、公正和公开的原则，公开招标和邀请招标均应在招标文件确定的提交投标文件截止时间的同一时刻公开举行开标会议，开标地点应为招标文件中预先明确的地点。

除评标委员会成员之外，招标人或其代表人、招标代理人、所有投标人的法定代表人或其委托代理人、招标投标管理机构的监管人员和招标人自愿邀请的公证机构的工作人员均需参加开标会议，并可邀请项目有关主管部门、当地计划部门、经办银行等代表出席。

开标时由投标人或其推选的代表检验投标文件的密封情况，确认无误后，若有标底应首先公布，然后由工作人员当众拆封，并当众宣读投标人名称、投标价格等主要内容以及在投标致函中提出的附加条件、补充声明、优惠条件、替代方案等。招标人应记录开标过程并存档备查，记录内容主要包括以下几点。

（1）开标时间和地点。

（2）投标人名称、投标价格等唱标内容。

（3）开标过程是否经过公证。

（4）投标人提出的异议。

开标记录应当由投标人代表、唱标人、记录人和监督人签字。开标后，任何投标人不得更改投标书内容及报价，也不允许再增加优惠条件。投标书经启封后不得再更改评标和定标办法。

2）评标

评标是由评标委员会按照招标文件确定的评标标准和方法，对投标人的报价、工期、质量、主要材料用量、施工方案或组织设计、以往业绩和合同履行情况、社会信誉，优惠条件等方面进行综合评价和比较，并与标底进行对比分析，通过进一步查清、答辩与评审，公正合理地择优选定中标候选人。

3）定标

招标人应根据评标委员会提交的评标报告和推荐的中标候选人确定中标人，也可以授权评标委员会直接确定中标人。招标人向确定后的中标人发出中标通知书，同时将中标结果通知其他所有未中标的投标人并退还其投标保证金或保函。中标通知书对招标人和中标人双方均具有法律效力，招标人改变中标结果或中标人拒绝签订合同均要承担相应的法律责任。

4）签订合同

中标人收到中标通知书后，应与招标人着手协商谈判签订合同事宜，形成合同草案。合同草案一般需要先报招标投标管理机构审查，经审查后，招标人与中标人应当自中标通知书发出之日起 30 日内，按照招标文件和中标投标人的投标文件正式签订书面合同。同时，双方应按照招标文件的约定相互提交履约保证金或者履约保函，招标人退还中标人的投标保证金。招标人如拒绝与中标人签订合同需赔偿有关损失，中标人如拒绝在规定的时间内提交履约担保和签订合同，招标人报请招标投标管理机构批准同意后取消其中标资格，按规定不退还其招标保证金，并考虑在其余投标人中重新确定中标人，与之签订合同，或重新进行招标。

招标人应当自确定中标人之日起 15 日内，向有关行政监督部门提交招标投标情况的书面报告。合同订立后，应将合同副本分送有关部门备案，以便合同受到保护和监督。

6.2　信息通信工程招标投标

为了规范通信工程建设项目招标投标活动，根据《中华人民共和国招标投标法》和《中华人民共和国招标投标法实施条例》，中华人民共和国工业和信息化部于 2014 年 5 月颁布了《通信工程建设项目招标投标管理办法》（工信部令 27 号）。

6.2.1　概述

通信工程建设项目是指通信工程以及与通信工程建设有关的货物、服务。其中，通信工程包括通信设施或者通信网络的新建、改建、扩建、拆除等施工；与通信工程建设有关的货物是指构成通信工程不可分割的组成部分，且为实现通信工程基本功能所必需的设备、材料等；与通信工程建设有关的服务是指为完成通信工程所需的勘察、设计、监理等服务。

依法必须进行招标的通信工程建设项目的具体范围和规模标准，参照 6.1.3 小节"招标投标的分类和范围"中相关内容执行。

工业和信息化部和各省、自治区、直辖市通信管理局（以下统称"通信行政监督部门"）依法对通信工程建设项目招标投标活动实施监督。

工业和信息化部鼓励按照《电子招标投标办法》进行通信工程建设项目电子招标投标。工业和信息化部建立"通信工程建设项目招标投标管理信息平台"，实行通信工程建设项目招标投标活动信息化管理。

6.2.2　招标投标

1. 招标方式

国有资金占控股或者主导地位的依法必须进行招标的通信工程建设项目，应当公开招标；但有下列情形之一的，可以邀请招标。

（1）技术复杂、有特殊要求或者受自然环境限制，只有少量潜在投标人可供选择；招标人邀请招标的，应当向其知道或者应当知道的全部潜在投标人发出投标邀请书。

（2）采用公开招标方式的费用占项目合同金额的比例过大。

采用公开招标方式的费用占项目合同金额的比例超过1.5%，且采用邀请招标方式的费用明显低于公开招标方式的费用的，方可被认定为有上述两条所列情形。

除在6.1.3节中明确的可以不进行招标的情形外，潜在投标人少于3个的，可以不进行招标；若招标人弄虚作假，属于《中华人民共和国招标投标法》第四条所规定的规避招标。

2. 招标准备

1）招标备案

依法必须进行招标的通信工程建设项目的招标人自行办理招标事宜的，应当自发布招标公告或者发出投标邀请书之日起两日内通过"管理平台"向通信行政监督部门提交《信息通信工程建设项目自行招标备案表》，如表6.1所示。

表 6.1 信息通信工程建设项目自行招标备案表

一、招标人名称：
二、招标项目名称：
三、立项批复文件或者采购立项批准文件（附复印件）
四、招标规模：
五、招标项目类型：施工□、设备□、材料□、软件□、勘察□、设计□、监理□、其他□
六、发布资格预审公告、招标公告或者发出投标邀请书的时间：
七、拟发售资格预审文件、招标文件的时间：
八、拟开标时间：
九、项目说明（简要说明项目基本情况）：
十、拟采用的招标方式：公开招标□、邀请招标□（如选择邀请招标，需说明理由）

十一、标段或者标包情况（如有）

序号	标段或者标包名称	预估规模	备注

十二、负责本次招标的部门：
十三、招标工作人员情况

续表

1. 招标负责人情况

姓名	工作部门	职务	职称	专业	招标职业资格证书号（如有）	参加招标投标法律法规培训情况	同类项目招标业绩

2. 招标文件编制人员情况

姓名	工作部门	职务	职称	专业	参加招标投标法律法规培训情况

十四、招标文件（附复印件）

注：一次备案仅适用于一次招标活动。

2）发布公告

公开招标的项目，招标人采用资格预审办法对潜在投标人进行资格审查的，应当发布资格预审公告、编制资格预审文件。招标人发布资格预审公告后，可不再发布招标公告。

依法必须进行招标的通信工程建设项目的资格预审公告和招标公告，除在国家发展和改革委员会依法指定的媒介发布外，还应当在"通信工程建设项目招标投标管理信息平台"发布。在不同媒介发布的同一招标项目的资格预审公告或者招标公告的内容应当一致。

资格预审公告、招标公告、投标邀请书以及资格预审文件应当载明的内容详见 6.1.5 节中相关内容。

3. 编制招标文件

招标人应当根据招标项目的特点和需要编制招标文件，招标文件应当载明的内容详见 6.1.5 节。招标文件应当载明所有评标标准、方法和条件，并能够指导评标工作，在评标过程中不得作任何改变。

1）招标文件范本

为规范通信工程建设项目招标投标行为，提高通信工程建设项目招标文件的编制质量，工业和信息化部于 2016 年 12 月发布了《通信工程建设项目施工招标文件范本》（2017 年版）等 4 个招标文件范本和 4 个资格预审文件范本，具体内容如下。

（1）通信工程建设项目货物集中招标文件范本。
（2）通信工程建设项目货物集中资格预审文件范本。
（3）通信工程建设项目货物招标文件范本。
（4）通信工程建设项目货物资格预审文件范本。
（5）通信工程建设项目施工集中招标文件范本。
（6）通信工程建设项目施工集中资格预审文件范本。
（7）通信工程建设项目施工招标文件范本。
（8）通信工程建设项目施工资格预审文件范本。

2）编制要求

招标人应当在招标文件中以显著的方式标明实质性要求、条件以及不满足实质性要求和条件的投标将被否决的提示；对于非实质性要求和条件，应当规定允许偏差的最大范围、最高项数和调整偏差的方法。

依法必须进行招标的通信工程建设项目招标文件编制，应当使用国家发展和改革委员会会同通信行政监督部门制定的标准文本及工业和信息化部制定的范本。

信息通信工程建设项目需要划分标段的，招标人应当在招标文件中载明允许投标人中标的最多标段数。

信息通信工程建设项目已确定投资计划并落实资金来源的，招标人可以将多个同类信息通信工程建设项目集中进行招标。招标人进行集中招标的，应当在招标文件中载明工程或者有关货物、服务的类型、预估招标规模、中标人数量及每个中标人对应的中标份额等；对工程或者有关服务进行集中招标的，还应当载明每个中标人对应的实施地域。

4. 集中资格预审

招标人可以对多个同类信息通信工程建设项目的潜在投标人进行集中资格预审。招标人进行集中资格预审的，应当发布资格预审公告，明确集中资格预审的适用范围和有效期限，并且应当预估项目规模，合理设定资格、技术和商务条件，不得限制、排斥潜在投标人。招标人进行集中资格预审，应当遵守国家有关勘察、设计、施工、监理等资质管理的规定。

集中资格预审后，通信工程建设项目的招标人应当继续完成招标程序，不得直接发包工程；直接发包工程的属于《中华人民共和国招标投标法》第四条规定的规避招标。

5. 投标

招标人根据招标项目的具体情况，可以在发售招标文件截止之日后，组织潜在投标人踏勘项目现场和召开投标预备会。招标人组织潜在投标人踏勘项目现场或者召开投标预备会的，应当向全部潜在投标人发出邀请。

投标人应当在招标文件要求提交投标文件的截止时间前，将投标文件送达投标地点。信息通信工程建设项目划分标段的，投标人应当在投标文件上标明相应的标段。

未通过资格预审的申请人提交的投标文件，以及逾期送达或者不按照招标文件要求密封的投标文件，招标人应当拒收。

招标人收到投标文件后，不得开启，并应当如实记载投标文件的送达时间和密封情况，存档备查。

6.2.3　开标

信息通信工程建设项目投标人少于 3 个，或划分标段的信息通信工程建设项目某一标段的投标人少于 3 个的，均不得开标，招标人在分析招标失败的原因并采取相应措施后，应当依法重新招标。

当投标人认为存在低于成本价投标情形的，可以在开标现场提出异议，并在评标完成前向招标人提交书面材料，招标人应当及时将书面材料转交评标委员会。

招标人应当根据《中华人民共和国招标投标法》和《中华人民共和国招标投标法实施条例》的规定开标，开标记录的主要内容及具体要求详见 6.1.5 节。

6.2.4　评标

1. 评标标准

评标是遵循相关招标投标法规和要求，对投标文件进行的检查、评审和比较，是审查确定中标单位的必经程序和确保招标成功的重要环节，其目的是为招标单位选择一家报价合理、响应性好、施工方案可行、投资风险最小的合格投标单位。

评标标准在招标准备阶段制定并随招标文件一起发出，评标标准是否客观、公正、科学与规范，直接关系到工程招标投标的预期目标能否顺利实现。勘察设计招标项目、监理招标项目、施工招标项目以及与信息通信工程建设有关的货物招标项目的具体评标标准如下所述。

1）勘察设计招标项目

（1）投标人的资质、业绩、财务状况和履约表现。

（2）项目负责人的资格和业绩。

（3）勘察设计团队人员。

（4）技术方案和技术创新。

（5）质量标准及质量管理措施。

（6）技术支持与保障。

（7）投标价格。

（8）组织实施方案及进度安排。

2）监理招标项目

（1）投标人的资质、业绩、财务状况和履约表现。

（2）项目总监理工程师的资格和业绩。

（3）主要监理人员及安全监理人员。

（4）监理大纲。

（5）质量和安全管理措施。

（6）投标价格。

3）施工招标项目

（1）投标人的资质、业绩、财务状况和履约表现。

（2）项目负责人的资格和业绩。

（3）专职安全生产管理人员。

（4）主要施工设备及施工安全防护设施。

（5）质量和安全管理措施。

（6）投标价格。

（7）施工组织设计及安全生产应急预案。

4）与信息通信工程建设有关的货物招标项目

（1）投标人的资质、业绩、财务状况和履约表现。

（2）投标价格。

（3）技术标准及质量标准。

（4）组织供货计划。

（5）售后服务。

2．评标方法

评标方法在招标准备阶段制定并随招标文件一起发出，评标办法不仅影响到具体项目的评标结果和投资效益，而且影响到信息通信工程市场的正常秩序。因此，在招标过程中选择适合的评标方法意义重大，这也是投标工作能否成功的关键。

评标方法包括综合评估法、经评审的最低投标价法或者法律、行政法规允许的其他评标方法，鼓励信息通信工程建设项目采用综合评估法进行评标。

1）综合评估法

综合评估法是招标单位在全面了解各个投标单位标书内容的基础上，对工程造价、施工组织设计（或施工方案）、项目经理的资历和业绩、质量目标、工期安排、信誉、业绩以及先进技术、新材料、新工艺、新设备的应用等因素进行综合评价，并逐一对各项指标进行打分，再乘以权重后累加，最终确定得分最高者为中标单位，也就是要求中标单位能够最大限度地满足招标文件中规定的各项评价标准。

不宜采用经评审的最低投标价法的招标项目，一般采用综合评估法进行评审。当采用综合评估法时，由于工程项目特点不同、工程所在地环境不同、招标单位要求不同，评标方法也相应灵活多样。衡量投标文件是否最大限度地满足招标文件的各项评价标准，可以采取折算为货币、逐项打分等多种方法，需要量化的因素及其权重应当在招标文件中明确规定。

综合评估法评标一般分为两种方式：一是开标后对商务标和技术标同时进行评审；二是先评审技术标后评审商务标的两阶段评标方法，此种评标方法一般适用于技术复杂且要求严格的项目，例如大型复杂成套设备采购或大型复杂工程项目招标等。综合评估法的技术标可采用暗标，即要求投标文件的技术标部分不能有投标单位的任何信息及暗示，开标后即对技术标作保密处理，由评标委员会完成技术标评审后，再当众进行商务标的开标，公布技术标评审结果的同时开始商务标的评审。

2）经评审的最低投标价法

经评审的最低投标价法一般适用于具有通用技术、性能标准或者招标单位对其技术、性能没有特殊要求的招标项目。经评审的最低投标价法要求中标单位能满足招标文件的实质性要求，并且经评审的投标报价最低，但低于成本的除外。

经评审的最低价法评审步骤一般包括资格预审、技术标评审和商务标评审。

（1）资格预审主要是了解投标申请人的企业资质、财务状况、技术力量以及有无类似工程的施工经验等。

（2）技术标评审主要针对投标单位的营业执照经营范围、企业资质登记证书、施工经历、财务实力、资金状况、工期及质量承诺目标、施工组织设计的先进合理性以及企业拥有的工程技术人员、管理人员和施工机械设备等是否符合规定要求，进行合理甄别并筛选出技术实力突出的投标单位，然后进行投标报价比较评审。

（3）商务标评审包括评标价计算、总体报价水平分析、个别成本分析和个别最低成本是否低于成本认定等，通过对投标报价的分析比较，确定经评审投标报价最低的单位，最终选择综合实力强、报价低的投标人作为中标候选人。

3．评标流程

1）组建评标委员

信息通信工程建设项目评标由招标人依法组建的评标委员会负责，评标委员会的专家成员应当具备下列条件。

（1）从事通信相关领域工作满 8 年并具有高级职称或者同等专业水平。掌握信息通信新技术的特殊人才经工作单位推荐，可以视为具备条件。

（2）熟悉国家和信息通信行业有关招标投标以及信息通信建设管理的法律、行政法规和规章，并具有与招标项目有关的实践经验。

（3）能够认真、公正、诚实、廉洁地履行职责。

（4）未因违法、违纪被取消评标资格或者未因在招标、评标以及其他与招标投标有关活动中从事违法行为而受过行政处罚或者刑事处罚。

（5）身体健康，能够承担评标工作。

工业和信息化部统一组建和管理信息通信工程建设项目评标专家库，各省、自治区、直辖市通信管理局负责本行政区域内评标专家的监督管理工作。

依法必须进行招标的信息通信工程建设项目，评标委员会的专家应当从信息通信工程建设项目评标专家库内相关专业的专家名单中采取随机抽取方式确定；个别技术复杂、专业性强或者国家有特殊要求，采取随机抽取方式确定的专家难以保证胜任评标工作的招标项目，可以由招标人从信息通信工程建设项目评标专家库内相关专业的专家名单中直接确定。

依法必须进行招标的信息通信工程建设项目的招标人应当通过"通信工程建设项目招标投标管理信息平台"抽取评标委员会的专家成员，通信行政监督部门可以对抽取过程进行远程监督或者现场监督。

技术复杂、评审工作量大的信息通信工程建设项目，其评标委员会需要分组评审的，每组成员人数应为 5 人以上，且每组每个成员应对所有投标文件进行评审。

评标委员会设负责人的，其负责人由评标委员会成员推举产生或者由招标人确定，评标委员会其他成员与负责人享有同等的表决权。

2）评标

评标委员会成员应当客观、公正地对投标文件提出评审意见，并对所提出的评审意见负责。招标文件没有规定的评标标准和方法不得作为评标依据。

评标过程中，评标委员会收到低于成本价投标的书面质疑材料、发现投标人的综合报价明显低于其他投标报价或者设有标底时明显低于标底，认为投标报价可能低于成本的，应当书面要求该投标人作出书面说明并提供相关证明材料。招标人要求以某一单项报价核定是否低于成本的，应当在招标文件中载明。投标人不能合理说明或者不能提供相关证明材料的，评标委员会应当否决其投标。

投标人以他人名义投标或者投标人经资格审查不合格的，评标委员会应当否决其投标。部分投标人在开标后撤销投标文件或者部分投标人被否决投标后，有效投标不足 3 家且明显缺乏竞争的，评标委员会应当否决全部投标。有效投标不足 3 家，评标委员会未否决全部投标的，应当在评标报告中说明理由。依法必须进行招标的信息通信工程建设项目，评标委员会否决全部投标的，招标人应当重新招标。

评标完成后，评标委员会应当根据《中华人民共和国招标投标法》和《中华人民共和国招标投标法实施条例》的有关规定向招标人提交评标报告和中标候选人名单。招标人进行集中招标的，评标委员会应当推荐不少于招标文件载明的中标人数量的中标候选人，并标明排序。

评标委员会分组的，应当形成统一、完整的评标报告，评标报告应当包括下述内容。

（1）基本情况。

（2）开标记录和投标一览表。

（3）评标方法、评标标准或者评标因素一览表。

（4）评标专家评分原始记录表和否决投标的情况说明。

（5）经评审的价格或者评分比较一览表和投标人排序。

（6）推荐的中标候选人名单及其排序。

（7）签订合同前要处理的事宜。

（8）澄清、说明、补正事项纪要。

（9）委员会成员名单及本人签字。

（10）拒绝在评标报告上签字的评标委员会成员名单及其陈述的不同意见和理由。

6.2.5   中标

1. 确定中标人

依法必须进行招标的信息通信工程建设项目的招标人应当自收到评标报告之日起 3 日内通过"通信工程建设项目招标投标管理信息平台"公示中标候选人，公示期不得少于 3 日。

招标人进行集中招标的，应当依次确定排名靠前的中标候选人为中标人，且中标人数量及每个中标人对应的中标份额等应当与招标文件载明的内容一致。招标人与中标人订立的合同中应当明确中标价格、预估合同份额等主要条款。中标人不能履行合同的，招标人可以按照评标委员会提出的中标候选人名单排序依次确定其他中标候选人为中标人，也可以对中标人的中标份额进行调整，但应当在招标文件中载明调整规则。

在确定中标人之前，招标人不得与投标人就投标价格、投标方案等实质性内容进行谈判。招标人不得向中标人提出压低投标价、增加工作量、增加配件、增加售后服务量、缩短工期或其他违背中标人的投标文件实质性内容的要求。

依法必须进行招标的信息通信工程建设项目的招标人应当自确定中标人之日起 15 日内，通过"通信工程建设项目招标投标管理信息平台"向通信行政监督部门提交《信息通信工程建设项目招标投标情况报告表》，适用于按项目招标和适用于集中招标的分别如表 6.2 和表 6.3 所示。

表 6.2　信息通信工程建设项目招标投标情况报告表（适用于按项目招标）

一、招标项目名称：
二、招标项目立项批复文件（附复印件）
三、招标项目概况
1. 建设地点：
2. 建设规模：
3. 资金来源：
4. 计划开竣工时间：　自　　　年　　　月开工，　　　年　　　月竣工
四、招标情况
1. 招标人名称：
2. 招标项目类型：施工□、设备□、材料□、软件□、勘察□、设计□、监理□、其他□
3. 招标方式：公开招标□、邀请招标□（如为邀请招标，需说明理由）
4. 发布资格预审公告、招标公告或者发出投标邀请书的时间：
5. 发售资格预审文件、招标文件的时间：

6. 招标代理机构名称（如有）		资质等级及证书编号	

7. 本次招标标底总价（如有）：
五、资格预审情况
1. 资格审查委员会人数：　　人，其中专家：　　人
2. 审查专家情况

序号	姓名	职务	职称	专业	专家编号

3. 招标人代表情况

序号	姓名	职务	职称	专业	工作部门

4. 资格预审结果：
六、投标情况
1. 投标人：

2. 开标时间		3. 开标地点	

七、评标情况
1. 评标委员会人数：　　人，其中专家：　　人
2. 评标委员会分组情况（如有）：
3. 评标专家情况

续表一

序号	姓名	职务	职称	专业	专家编号

4. 招标人代表情况

序号	姓名	职务	职称	专业	工作部门

5. 评标方法：综合评估法□、经评审的最低投标价法□、其他评标方法□

6. 资格后审结果（如有）：

7. 评标委员会推荐的中标候选人（未划分标段时，无须提供标段信息）：

标段序号	标段名称	推荐的中标候选人（按顺序排列）

8. 招标人直接确定评标专家的理由（如有）：

八、中标候选人公示时间及媒介：

九、中标情况（未划分标段时，无须提供标段信息）

标段序号	标段名称	中标人名称	中标价格	中标通知书发出时间	中标通知书（附复印件）

十、其他附件材料

1. 委托代理协议（附复印件）

2. 招标文件（附复印件）

3. 评标报告（附复印件）

4. 开标一览表（附复印件）

5. 其他需要说明的问题及材料（附复印件）

表 6.3　通信工程建设项目招标投标情况报告表（适用于集中招标）

一、集中招标项目名称：
二、招标采购立项批准文件（附复印件）
三、招标采购规模：
四、资金来源：
五、招标情况
1. 招标人名称：
2. 招标项目类型：施工□、设备□、材料□、软件□、勘察□、设计□、监理□、其他□

3. 招标方式：公开招标□、邀请招标□（如为邀请招标，需说明理由）					
4. 发布资格预审公告、招标公告或者发出投标邀请书的时间：					
5. 发售资格预审文件、招标文件的时间：					
6. 招标代理机构名称（如有）			资质等级及证书编号		
7. 本次招标标底总价（如有）：					
六、资格预审情况					
1. 资格审查委员会人数：　人，其中专家：　人					
2. 审查专家情况					

序号	姓名	职务	职称	专业	专家编号

3. 招标人代表情况					

序号	姓名	职务	职称	专业	工作部门

4. 资格预审结果：					
七、投标情况					
1. 投标人：					
2. 开标时间			3. 开标地点		
八、评标情况					
1. 评标委员会人数：　人，其中专家：　人					
2. 评标委员会分组情况（如有）：					
3. 评标专家情况					

序号	姓名	职务	职称	专业	专家编号

4. 招标人代表情况					

序号	姓名	职务	职称	专业	工作部门

5. 评标方法：综合评估法□、经评审的最低投标价法□、其他评标方法□					
6. 资格后审结果（如有）：					

续表三

标段序号	标段名称	推荐的中标候选人（按顺序排列）

7. 评标委员会推荐的中标候选人（未划分标段时，无须提供标段信息）：

8. 招标人直接确定评标专家的理由（如有）：

九、中标候选人公示时间及媒介：

十、中标情况（未划分标段时，无须提供标段信息）

标段序号	标段名称	中标人名称	中标价格	中标份额	中标通知书发出时间	中标通知书（附复印件）	备注

注：施工、勘察、设计、监理集中招标时，备注中应填写中标人对应的工程实施地域

十一、其他附件材料

1. 委托代理协议（附复印件）

2. 招标文件（附复印件）

3. 评标报告（附复印件）

4. 开标一览表（附复印件）

5. 其他需要说明的问题及材料（附复印件）

2. 建立招标档案

招标人应建立完整的招标档案，并按国家有关规定保存。招标档案应当包括下列内容：招标文件、中标人的投标文件、评标报告、中标通知书、招标人与中标人签订的书面合同、向通信行政监督部门提交的《信息通信工程建设项目自行招标备案表》《信息通信工程建设项目招标投标情况报告表》、其他需要存档的内容。

3. 招标监督检查

招标人进行集中招标的，应当在所有项目实施完成之日起 30 日内通过"通信工程建设项目招标投标管理信息平台"向通信行政监督部门报告项目实施情况。

通信行政监督部门对通信工程建设项目招标投标活动实施监督检查，可以查阅、复制招标投标活动中有关文件、资料，调查有关情况，相关单位和人员应当配合。必要时，通信行政监督部门可以责令暂停招标投标活动。通信行政监督部门的工作人员对监督检查过程中知悉的国家秘密、商业秘密，应当依法予以保密。

本 章 小 结

招标投标是信息通信工程建设的重要环节，能够起到规范市场秩序、保障公平竞争、提升资源配置效率、推动行业高效透明发展的作用，可为建设单位择优选择性价比最高的供应商。

本章概述了建设工程招标投标的概念特点、分类范围及方式流程等，重点介绍了信息通信工程招标投标，强调了开标、评标以及中标环节的主要工作。通过本章的学习，能够掌握招标投标在信息通信工程中的具体应用，熟悉招标投标的基本流程，能够运用招标投标的方法解决工程建设中的采购难题。在学习过程中应注意锻炼沟通能力和团队协作能力，增强公平公正公开的竞争意识。

思 考 题

1. 简述建设工程招标投标的概念及意义。
2. 如何理解建设工程招标投标一次成交的特点？
3. 简述公开招标与邀请招标在招标程序上的主要区别。
4. 简述招标投标的流程。
5. 以家庭房屋装修为例，草拟一份施工招标文件。
6. 结合本章内容，思考信息通信工程招标中如何降低流标率。
7. 结合本章内容，思考信息通信工程投标中如何提高中标率。
8. 为何鼓励信息通信工程建设项目采用综合评估法进行评标？
9. 下载并学习《电子招标投标办法》，简述电子投标招标与传统纸质招标投标的区别。
10. 什么是围标、控标、串标以及陪标？试探析区块链、大数据以及人工智能在甄别上述违规行为中的应用。

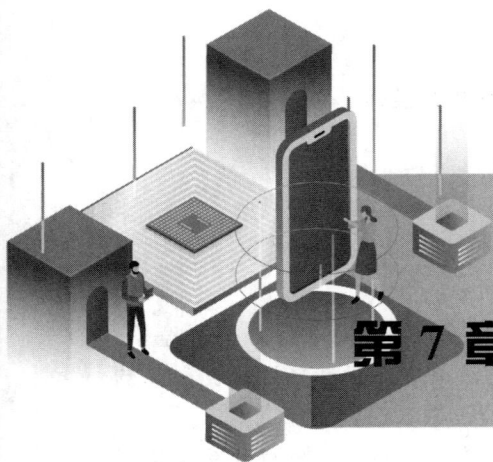

第 7 章　信息通信工程进度管理

　　进度管理是战略规划与制度设计，进度控制是战术执行与动态调整，二者共同构成了信息通信工程建设项目时间管理的完整体系，共同构筑了信息通信工程建设项目按时交付的机制保障。本章将在阐明信息通信工程建设项目进度管理与进度控制关系的基础上，重点阐释进度控制的基本概念、影响因素、主要任务，工程设计与施工的进度计划编制，并简要介绍现代项目管理的新技术和新工具在信息通信工程进度控制中的应用。

7.1　信息通信工程进度管理概述

7.1.1　进度管理与进度控制

1. 进度管理

1）进度管理的概念

　　进度管理是指为实现建设项目的进度目标而进行的计划、组织、指挥、协调和控制等活动。进度管理涵盖整个建设项目生命周期的进度相关活动，包括制订进度计划（如甘特图、关键路径法）、资源分配与时间估算、进度基线设定、风险预测与应对以及持续跟踪和协调各方进度等，其核心目标是确保建设项目在预定时间内完成。

2）进度管理的程序

建设项目进度管理一般应遵循下述程序。

（1）编制进度计划。

（2）进度计划交底，落实管理责任。

（3）实施进度计划。

（4）进行进度控制和变更管理。

　　建设项目进度计划分别由建设单位、施工单位、勘察设计单位、监理单位等编制，其内部相关成员均需承担相应的进度管理责任。

2. 进度控制

1）进度控制的概念

　　进度控制是指根据建设项目进度目标实行的资源优化配置原则，对项目建设各个阶段的工作内容、工作程序、持续时间和衔接关系编制进度计划并付诸实施，再对进度计划的实施过程进行经常性检查，将实际进度与计划进度相比较，分析出现的偏差，采取补救措施或调整、修改原计划后再付诸实施，如此循环往复，直到工程竣工验收及交付使用。

2）进度控制的程序

进度控制的核心目标是解决偏差，确保进度目标的实现，因此进度控制聚焦于执行阶段的动态管理，其一般程序为以下几点。

（1）实时跟踪进度。

（2）分析偏差原因。

（3）调整计划或资源分配。

（4）更新进度计划。

3. 进度管理与进度控制的关系

进度控制是进度管理的一部分，属于进度管理的执行和监控环节。在工作阶段方面，进度管理贯穿项目生命周期，而进度控制主要发生在实施阶段。在工作内容方面，进度管理是全局性、系统性的工作，包括规划、制订、监控和调整；而进度控制是问题导向、动态调整的工作，更侧重于监控与纠偏。可见，制订计划属于进度管理，但调整计划属于进度控制；进度管理是"预防性"的，而进度控制是"纠正性"的。

综上所述，建设项目进度控制是实现进度管理目标的手段，而进度管理为进度控制提供计划框架和基础。

7.1.2　信息通信工程进度影响因素

在工程建设过程中存在着许多影响进度的因素，这些因素往往来自不同的部门和不同的阶段。进度控制管理人员必须事先对影响建设进度的各种因素进行调查分析，预测各种因素对工程建设影响的程度，确定合理的进度控制目标，编制可行的进度控制计划，使工程建设工作始终按计划有条不紊地进行。

信息通信工程建设项目进度之所以受到诸多因素的影响，主要是因为信息通信工程建设具有规模大、网络结构复杂、技术含量高、参与单位多、建设周期较长等特点。要科学有效地控制工程建设进度，就必须对影响进度的各种因素进行全面、细致的分析和预测，以便利用有利因素保证工程建设进度，而对不利因素事先进行预防，制订相应的防范措施和对策，缩小实际进度与计划进度之间的偏差，实现对信息通信工程建设进度因素的动态控制。

影响信息通信工程建设进度的因素是多方面的，如人为因素，技术因素，设备、材料的供应，资金供给等，具体包括下述九个方面。

1. 业主因素

影响信息通信工程建设进度的业主因素主要包括：

（1）业主因使用需求的改变而导致设计变更。

（2）业主不能及时提供施工场地条件或所提供的场地不能满足工程施工的正常需要。

（3）业主不能及时向施工承包单位或材料供应商支付工程款、货款等。

2．勘察设计因素

影响信息通信工程建设进度的勘察设计因素主要包括：

（1）勘察资料不准确，特别是基础资料存在错误或有遗漏。

（2）设计内容不完善，规范使用不恰当，设计有缺陷或错误，设计对施工的可能性未考虑或考虑不全面。

（3）施工图纸供应不及时、不配套或出现重大差错等。

3．施工技术因素

影响信息通信工程建设进度的施工技术因素主要包括：

（1）施工工艺错误。

（2）施工方案不合理。

（3）施工安全措施不当。

（4）应用了不可靠施工技术等。

4．社会环境因素

影响信息通信工程建设进度的社会环境因素主要包括：

（1）周边单位临近工程施工干扰。

（2）节假日交通管制、市容整顿限制。

（3）市政规划和建设影响。

（4）临时停水、停电、断路等。

（5）数据隐私与安全合规等导致方案调整以及验收延迟。

（6）"双碳"目标约束导致工期延长等。

5．自然环境因素

影响信息通信工程建设进度的自然环境因素主要包括：

（1）工程地质条件复杂。

（2）水文气象条件不明。

（3）存在地下文物的保护处理。

（4）洪水、地震、台风等不可抗拒因素影响等。

6．组织管理因素

影响信息通信工程建设进度的组织管理因素主要包括：

（1）向有关部门提出各种申请审批手续存在拖延。

（2）合同签订时条款有遗漏或表述不准确。

（3）计划安排不周密、组织协调不力而导致停工待料。

（4）相关作业脱节，领导不力、指挥失当，使参加工程建设的各个单位、各个专业、各个施工过程之间在配合上发生矛盾等。

7．设备材料供应因素

影响信息通信工程建设进度的设备材料供应因素主要包括：

（1）设备、材料、配件、工器具供应环节出现差错。

（2）品种、规格、质量、数量、供货时间不能完全满足工程建设的需要。

（3）特殊材料、新型材料使用不合理。

（4）施工设备、工器具、仪器仪表不配套，设备选型不当、安装有误、存在故障。

（5）全球化供应链风险导致芯片等关键元器件短缺，国产化替代对通信设备交付产生影响等。

8．资金因素

影响信息通信工程建设进度的资金因素主要包括有关方拖欠资金、资金不到位、汇率浮动或通货膨胀等造成资金短缺等。

9．网络安全因素

影响信息通信工程建设进度的网络安全因素主要包括黑客攻击导致系统宕机、数据泄露引发停工等。

7.1.3　信息通信工程进度控制的主要任务

信息通信工程建设项目进度控制的任务就是要在信息通信工程建设的各个阶段，根据不同的工作内容实现相应的进度，确保信息通信工程建设项目进度目标的实现。

1．设计准备阶段

设计准备阶段进度控制的主要任务包括：

（1）收集有关工期的信息，进行工期目标和进度控制的决策。

（2）编制工程项目建设总进度计划。

（3）编制设计准备阶段详细的工作计划，并控制其执行。

（4）进行工程环境及施工现场条件的调查和分析。

2．设计阶段

设计阶段进度控制的主要任务包括：

（1）编制设计阶段的工作计划，并控制其执行。

（2）编制详细的出图计划，并控制其执行。

3．施工阶段

施工阶段进度控制的主要任务包括：

（1）编制施工总进度计划，并控制其执行。

（2）编制单位工程施工进度计划，并控制其执行。

（3）按年、季、月、周编制施工单位工作计划，并控制其执行。

为科学有效地控制信息通信工程建设进度，工程监理单位应在设计准备阶段向建设单位提供有关工期的相关信息，协助建设单位确定建设工期总目标，并对工程建设环境和施工现场条件进行调查和分析；在设计和施工阶段，工程监理单位不仅要审查设计单位的工作计划，还要对施工单位提交的施工组织计划和施工进度计划进行严格的审查，同时要编制监理进度计划，保证进度控制目标的最终实现。

7.1.4　进度控制计划的表示

信息通信工程建设进度计划的表示方式有多种，传统表示方法主要有甘特图和网络计划图两种。随着现代项目管理技术的发展，敏捷方法、建筑信息模型（Building Information Modeling，BIM）技术、人工智能（Artificial Intelligence，AI）与大数据等均已在信息通信工程进度控制领域得到应用。

1. 甘特图

甘特图又称横道图，是一种用于项目管理的可视化工具，以条形图的形式展示项目的时间安排和任务进度。它由亨利·甘特（Henry Gantt）在 20 世纪初提出，广泛应用于建设项目进度控制中，其一般格式如表 7.1 所示。

表 7.1　XX 设备安装工程进度安排表

序号	工作内容	持续时间(周)	工程建设进度安排(周)									
			2	4	6	8	10	12	14	16	18	20
1	工程周期	20	─	─	─	─	─	─	─	─	─	─
2	安全评估、可行性研究报告编制及会审	4	─	─								
3	设计查勘、初步设计文件编制及会审	4			─	─						
4	技术规格书编制及会审	2				─						
5	主设备招标订货	2					─					
6	主设备到货(含国产化替代方案)	2						─				
7	现场测量、施工图设计文件编制及会审	2						─				
8	机房装修	6					─	─	─			
9	设备安装	2								─		
10	网络试运行(编制试运行计划)	2									─	
11	网络优化(编制优化计划)	2									─	
12	验收交付使用	2										─

用甘特图表示信息通信工程建设进度计划，一般包括工作内容、持续时间等基本数据以及表示每项工作起讫时间的横道线。表 7.1 所示计划明确地给出了各项工作的划分、工作的持续时间、工作的起讫时间和各项工作之间的衔接关系以及项目的总工期等。

用甘特图表示工程建设进度计划，主要存在下述四点不足。

（1）不能明确地反映各项工作之间的复杂关系，因而在计划执行的过程中，当某些工作的进度由于某种原因提前或推迟时，不便于分析其对其他工作及总工期的影响，不利于工程进度的动态管理。

（2）不能明确地反映影响工期的关键工作和关键路线，因而不便于工程进度控制人员抓住主要矛盾。

（3）不能反映工作所应有的机动时间，无法进行最合理的组织和管理。

（4）不能直接关联工程造价与工期，需依赖专业工具实现综合分析，例如项目计划管理软件（Primavera Project Planner，P3）可支持成本—进度集成视图。

2. 网络计划图

网络计划图是由箭线和节点组成的，表示工作流程的有向、有序的网状图形。而利用网络计划图来表达各项工作相互制约和相互依赖的关系，并标注时间参数，用以编制计划、控制进度、优化管理的方法称为网络计划技术。例如，用网络计划技术表示××光缆线路工程的工作逻辑关系，其工作解析、工作时长等如表7.2所示。

表 7.2　××光缆线路工程工作逻辑关系表

序号	工作	工作名称	工作时长（天）	紧前工作	紧后工作
1	A	光缆单盘检验	5		F
2	B	路由复测	5		C
3	C	打杆洞、拉线坑	10	B	D
4	D	立电杆、打拉线	15	C	E
5	E	布放钢绞线	10	D	F
6	F	布放光缆	10	A，E	G
7	G	光缆接续	5	F	H
8	H	光缆测试	5	G	I
9	I	竣工文件编制	5	H	

根据表7.2可绘制出该工程的网络计划图，具体如图7.1所示。此图中的节点代表具体工作，箭线表示工作间的依赖关系。

利用网络计划图表示建设项目进度，可以弥补甘特图所存在的不足，主要表现在下述四个方面。

（1）网络计划图能够明确表达各项工作之间的先后顺序，便于清晰地分析各项工作之间的相互影响及处理它们之间的协作关系。

（2）在网络计划图中可以找出关键线路和关键点。所谓关键线路，是指在网络计划图中从起始节点开始，沿箭线方向通过一系列箭线和节点，最后到达终了节点为止所形成的同路上所有工作持续时间总和最大的线路。关键线路上各项工作持续时间的总和即为该项目建设的总工期。关键线路上的工作即为关键工作，关键工作的进度将影响该项目建设的总工期，通过对时间参数的计算，能够明确网络计划中的关键线路和关键工作，从而也就

| 5 | 10 | 15 | 20 | 25 | 30 | 35 | 40 | 45 | 50 | 55 | 60 | 65 | 70 |

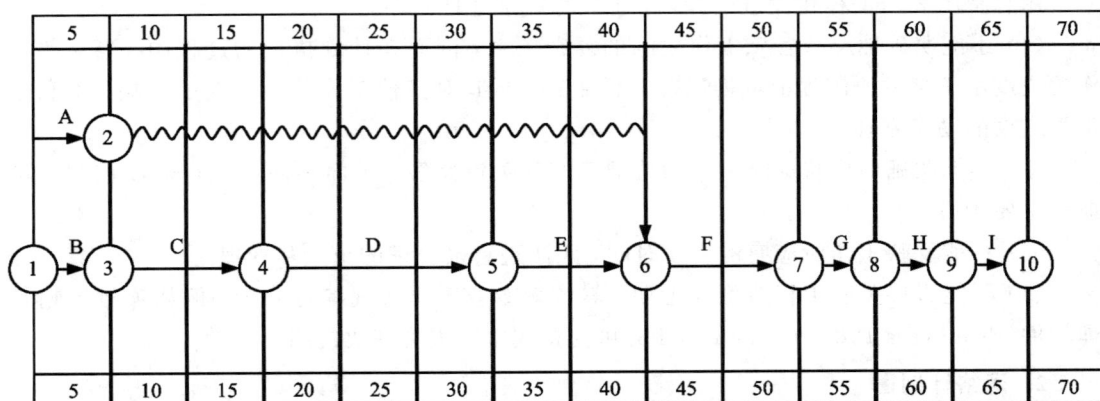

图 7.1　××光缆线路工程网络计划图（单位：天）

明确了进度控制工作中的重点。

（3）通过网络计划时间参数的计算，可以明确各项工作的机动时间，一般情况下除关键工作外，其他各项工作均有富余时间，而富余时间既可用以支持关键工作，也可用以进一步地优化网络计划。

（4）可以利用计算机技术对网络计划进行优化和调整。由于在信息通信工程建设中影响工程建设进度的因素很多，如果仅靠管理人员对网络计划进行优化和调整，不仅工作量巨大，而且效率低下。基于网络计划形成的模型，建设项目进度控制人员可利用计算机对工程进度控制进行计算、优化和调整，使其成为最有效的控制方法。

7.1.5　数字化进度控制

在信息通信工程建设项目进度控制中，远程协同、物联网监控和数字孪生等技术在数字化与智能化手段的加持下，可以显著提升工作效率和控制精准性。

1. 远程协同技术

远程协同技术基于互联网工具，如云端平台、虚拟会议系统等，可实现跨地域团队的实时协作，支持任务分配、数据共享和动态决策，打破物理空间限制，降低沟通成本。其具体应用场景如下所述。

1）云端任务管理

建设项目进度控制人员可利用 Microsoft Project、钉钉等工具，实时更新甘特图，监控各节点完成率，快速识别进度偏差。

2）虚拟现实（Virtual Reality，VR）协同

建设项目进度控制人员可利用 Autodesk BIM 360 VR 等工具，实现多方远程进入虚拟施工现场，标记设备安装冲突或线路规划问题，从而减少现场勘测次数，避免因设计错误而导致的返工。

2. 物联网监控技术

物联网监控技术可通过传感器、全球定位系统（Global Positioning System，GPS）、射

频识别(Radio Frequency Identification,RFID)等设备实时采集物理环境数据,如设备状态、物资位置、环境参数等,结合网络传输与分析,实现动态监控与预警。其具体应用场景如下所述。

1)设备运行监测

建设项目进度控制人员可通过在信息通信设备中嵌入振动、温度等传感器,实时监测运行状态,预测设备故障,如电源模块过热。

2)物资追踪与调度

建设项目进度控制人员可利用 GPS 追踪光纤、电缆等物资的运输车辆,结合 RFID 管理仓库库存,触发自动补货提醒。

3. 数字孪生技术

数字孪生技术可通过高精度虚拟模型,实时映射物理实体,如通信网络、设备等,结合 AI 和实时数据模拟、预测系统行为,从而支持优化决策。其具体应用场景如下所述。

1)进度仿真与优化

建设项目进度控制人员可通过构建信息通信网络部署的数字孪生模型,模拟不同施工顺序对工期的影响。例如,在某智慧城市通信工程中,通过模拟暴雨对光缆线路施工的影响,进行资源分配的动态调整,从而达到保证工期的目的。

2)故障诊断与预测

建设项目进度控制人员可利用无人机扫描生成网络设备点云模型,通过与数字孪生基准对比,自动识别安装偏差或性能异常。

4. 技术整合与协同价值

现今,信息通信工程建设项目的进度控制正从传统经验驱动转向数据驱动的智能化管理,适用于 5G 网络部署、智慧城市基建等复杂场景。远程协同、物联网监控和数字孪生等技术也从单一应用整合为综合运用,在信息通信工程建设项目的进度控制中发挥协同作用,具体如下所述。

1)数据闭环管理

信息通信工程建设项目的进度控制历经物联网采集实时数据到数字孪生模型分析,再到远程协同平台调整计划的建设项目进度控制流程,实现了"感知—分析—决策—执行"的数据闭环管理,提升了进度控制的响应速度。

2)数字化智能化

将信息通信工程建设项目的全局进度可视化,可提高进度控制的透明度;AI 算法可基于历史数据预测风险,自动触发资源调配,通过预测性维护减少设备停机时间,从而降低维护成本。

7.2 信息通信工程设计的进度控制

为了实现信息通信工程建设总体目标,需要对设计进度实施控制。设计工作涉及因素众多，而设计工作本身又是多专业协作的产物，在满足使用要求的基础上，既要考虑项目的经济效益和社会效益，又要兼顾施工作业的可行性。

在信息通信工程建设项目实施过程中，必须先有设计图纸才能指导施工。在实际工作中，由于设计进度缓慢以及设计变更频繁，施工进度受到影响的情况时有发生。另外，信息通信工程建设所需的设备、材料等均由设计文件给出具体清单，建设单位才能按清单进行订货加工。由于设备的招标、采购、运输、验收等工作需要一定的时间，因此设计与施工这两个环节之间应该留有足够的时间间隔，便于上述工作的完成，为施工做好充分的准备。

信息通信工程设计阶段进度控制的主要任务，是通过采取控制措施促使设计单位如期完成两（三）阶段设计的初步设计（技术设计）、施工图设计任务，并提交相应的设计文件。设计单位的工作计划包括设计总进度计划、阶段性设计进度计划和设计作业进度计划。

7.2.1　设计总进度计划

设计总进度计划主要用于安排从设计准备到完成施工图设计所需时间内，各阶段工作的起讫时间和完成的时间顺序。制订设计总进度计划时，应根据信息通信工程建设进度总目标对设计周期的要求，合理确定周期定额。最为简单的设计总进度计划可用甘特图表示，具体如表 7.3 所示。

表 7.3　设计总进度计划表

阶段名称	进度（月）								
	1	2	3	4	5	6	7	8	9
设计准备									
方案设计									
初步设计									
技术设计									
施工图设计									

7.2.2　阶段性设计进度计划

阶段性设计进度计划包括设计准备阶段工作进度计划、初步（技术）设计阶段工作进度计划和施工图设计阶段工作进度计划。这些计划用于控制各阶段设计工作进度，从而实现阶段性设计进度目标。在编制阶段性设计进度计划时，必须考虑设计总进度计划对各个设计阶段的时间要求。

1. 设计准备阶段工作进度计划

设计准备阶段的主要工作内容为确定设计条件、提供基础资料以及设计委托等，根据上述工作内容的时间目标，可制订出设计准备阶段工作进度计划，具体如表 7.4 所示。

表 7.4　设计准备阶段工作进度计划表

工作内容	进度（周）								
	1	2	3	4	5	6	7	8	9
确定设计条件									
提供基础资料									
设计委托									

设计条件是指在信息通信工程建设项目中由主管部门根据相关规定，从通信网全程全网规划的角度出发，对拟建项目在设计阶段所提出的要求。

设计基础资料是设计单位进行工程设计的主要依据，建设单位必须向设计单位提供全面、完整、准确的设计基础资料，如经批准的可行性研究报告、本期工程覆盖区域的网络资源现状、现有用户类型数量及其分布等。

设计委托是指在建设单位通过招标方式选定设计单位后，甲、乙双方就设计费用等合同细节问题进行协商、谈判并取得一致意见后，签订工程设计合同的过程。

2. 初步（技术）设计阶段工作进度计划

初步设计应根据建设单位提供的设计基础资料进行编制。初步设计及总概算一经批准便可作为确定该项目建设投资额、编制固定资产投资计划、签订总承包合同、签订贷款合同、组织设备订货、进行施工准备、编制技术设计或施工图设计的依据。

技术设计应根据初步设计文件进行编制，技术设计及修正总概算一经批准，即成为建设工程拨款和编制施工图设计文件的依据。

初步设计阶段工作进度计划要考虑方案设计、初步设计、技术设计、（修正）概算编制、设计评审以及设计审批等工作的时间安排，初步（技术）设计阶段工作进度计划一般按单项工程编制，对于大型项目，可按单位工程设计来安排设计进度计划，具体如表 7.5 所示。

表 7.5　初步（技术）设计阶段工作进度计划表

工作内容	进度（周）																	
	1	2	3	4	5	6	7	8	9	10	11	12	13	14	15	16	17	18
方案设计																		
初步设计																		
技术设计																		
（修正）概算编制																		
设计评审																		
设计审批																		

3. 施工图设计阶段工作进度计划

根据批准的初步（技术）设计文件及主要设备的订货情况，编制施工图设计。施工图设计是信息通信工程设计的最后一个阶段，其工作进度将直接影响建设项目进度，因此必须合理确定施工图设计的交付时间。

施工图设计阶段工作进度计划要考虑各单项工程、各专业及协同单位的设计进度及其衔接关系，具体如表 7.6 所示。

表 7.6　施工图设计阶段工作进度计划表

工程名称	建设规模	设计工日	设计人数	进度（天）									
				2	4	6	8	10	12	14	16	18	20
XX 工程													
XX 工程													
XX 工程													
XX 工程													
XX 工程													
XX 工程													

为了控制各专业的设计进度，应根据施工图设计阶段工作进度计划、单位工程设计工日定额及所投入的设计人员数量，编制设计作业进度计划。

7.2.3　设计作业进度计划

设计作业进度计划是设计单位进度控制体系中最具体、最底层且最具操作性的进度计划，主要聚焦于执行层面的具体设计任务，用以直接指导设计人员的日常工作。为控制各单项工程（专业）的设计进度，应根据施工图设计阶段工作进度计划、单位工程设计工日定额及所投入的设计人员数量，按照下述 6 个环节编制设计作业进度计划。

1. 单项工程（专业）设计协同

各单项工程（专业）设计人员（如电源设备、光/电缆线路、通信管道、综合布线等）根据初步设计文件，开展施工图设计工作。在设计过程中，加强各单项工程（专业）之间的沟通和协调，确保相应设计之间的一致性和兼容性。

2. 设计任务分解

进一步将单项工程设计任务按不同的专业性质及作用分解为若干个单位工程设计任务，将设计任务细化为可执行、可监控的最小工作单元，并落实到具体人员和精确时间点上。

3. 施工图纸绘制

按照设计协同的要求，各单项工程（专业）设计人员绘制详细的施工图纸。施工图纸应包括所有施工所需的细节信息，如尺寸标注、材料规格、施工工艺等。同时，采用先进的绘图软件和技术，提高施工图纸的绘制质量和效率。

4. 综合审查

完成施工图纸绘制后，组织综合审查会议。邀请业主、施工单位、监理单位等多方对施工图纸进行审查。重点审查施工图纸是否满足施工要求，是否存在安全隐患，以及是否符合相关法规政策和标准规范的要求。根据审查意见，设计人员对施工图纸进行修改和完善。

5. 设计文件交付

将最终审核通过的设计文件交付给业主和施工单位。交付的设计文件应包括纸质版和电子版，确保施工单位能够及时获取所需的设计资料。同时，向施工单位进行设计交底，详细介绍设计意图、施工要点和注意事项，配合施工单位完成设计深化，为施工的顺利进行提供保障。

6. 施工配合

在施工过程中，应安排设计人员定期到施工现场进行巡视和检查，及时解决施工中出现的设计问题。对于施工中提出的设计变更要求，设计人员应根据实际情况进行评估和处理，确保设计变更的合理性和可行性。同时，与施工单位、监理单位等保持密切沟通，协调各方关系，共同推进工程建设项目的顺利实施。

针对上述环节中的各项设计作业进度计划，均需责任到人，明确指定每项具体任务的主要负责人和执行人；均应细化时间安排，依据表 7.6 中的进度安排，进一步提高时间精度至半天或小时级；均应明晰交付物，明确说明各项任务完成后的具体交付物及其标准，如施工图纸版本、设计文件格式、设计深度等。

7.3　信息通信工程施工的进度控制

施工阶段是信息通信工程实体的形成阶段，对施工的进度控制是信息通信工程建设项目进度控制的重点。信息通信工程建设施工阶段的进度控制由施工单位编制施工进度计划并加以实施，施工进度计划包括施工准备工作计划、施工总进度计划、单位工程施工进度计划等三部分。

施工进度控制旨在保证信息通信工程建设项目能够按期交付使用，为了控制施工进度，应将施工进度总目标进行细化分解，落实到各单位工程、分部工程的施工承包单位，施工承包单位则应制订不同计划期的施工进度计划，以此共同构成工程施工进度控制目标体系。

为了提高施工进度计划的可预见性和进度控制的主动性，在确定施工进度控制目标时，必须全面详细分析与信息通信工程项目建设相关的各种有利、不利因素，以便制订出切实可行的进度控制目标。信息通信工程建设项目应合理安排土建工程与设备安装工程的综合施工，根据土建工程、设备基础、设备安装的先后顺序及衔接关系，交叉或平行作业，明确设备安装对土建工程的要求、土建工程为设备安装提供施工条件的时间和内容，并参考同类工程的建设经验，结合本工程的特点合理确定施工进度目标。建设单位应做好资金筹备、设备材料供应等准备工作，施工单位应做好施工技术力量、施工专用工器具以及仪器仪表的配备，使物资供应能力、施工力量的配置与施工进度计划相一致。

7.3.1　施工准备工作计划

施工准备工作是指合理安排施工所需的人力和物力，统筹安排施工现场，为信息通信工程建设项目的施工创造必要的物质和技术条件。施工准备工作的主要内容包括技术准备、物资准备、劳动组织准备、施工现场准备、施工场外准备等。为全面落实准备工作，加强对施工准备工作的监督和管理，应根据各项工作的内容、时间和人员情况，制订施工准备工作计划，具体如表 7.7 所示。

表 7.7　施工准备工作计划表

序号	准备项目	主要工作内容	负责单位	负责人	起讫时间	备注
1						
2						
3						
4						
5						
6						

7.3.2　施工总进度计划

信息通信工程建设项目的施工总进度计划，应根据工程建设方案和项目开展程序，对所有单位工程做出时间上的统一安排。编制施工总进度计划旨在确定各单位工程的施工期限和开、竣工日期，从而为建设项目制订劳动力配置计划，主要材料、设备、施工机械、测量仪表的数量和调配计划提供依据，同时为确定施工现场的临时设施数量、施工及生活用水供应量以及交通、能源需求状况做好相应的准备，以保证建设项目能够按期竣工交付使用，最大限度地降低工程建设成本。

编制施工总进度计划必须以施工总方案、物资供应条件、各类定额、合同文件规定的总工期、项目建设总进度计划、施工图设计文件等为依据，分别计算各单位工程的工程量，确定各单位工程的施工期限，确定各单位工程的开工、竣工日期和相互间的衔接关系，最终形成施工总进度计划。最为简单的施工总进度计划可用甘特图表示，具体如表 7.8 所示。

表 7.8　施工总进度计划表

序号	单位工程名称	建设规模	施工时间	施工进度计划（周）									
				1	2	3	4	5	6	7	8	9	10
1													
2													
3													
4													
5													
6													

7.3.3　单位工程施工进度计划

单位工程施工进度计划是基于已制订的施工总进度计划，根据规定的施工工期和材料、设备的供应条件，遵循施工程序，对单位工程、分部工程的施工过程做出时间和空间上的安排，进而确定施工作业所需的技术力量、工器具和材料的供应计划，因此合理安排单位工程施工进度是按时完成符合质量要求的施工任务的根本，也为编制各种资源配置计划和施工准备计划提供可靠的依据。单位工程施工进度计划的编制主要包括下述七个步骤。

1. 划分工作项目

工作项目是包括一定工作内容的施工过程，它是施工进度计划的基本组成单元。应根据计划的需要来确定工作项目划分的粗细：对于控制性施工进度计划，可以粗略划分到分部工程；对于实施性施工进度计划，应详细划分到分项工程，以满足对施工的指导和进度的控制。为了简化进度计划内容，突出控制工作重点，可将在施工顺序、施工时间上穿插进行的或者由同一个专业施工队承担的分项工程合并。

2. 确定施工顺序

确定分部工程或分项工程的施工顺序旨在按照施工技术要求，合理地组织施工，解决好工作项目之间在时间上的先后顺序和衔接关系，达到保证质量、安全施工、有效缩短施工时间、合理安排工期的目的。施工顺序受施工工艺和施工组织的共同制约，当施工方案确定之后，工作项目之间的施工顺序也随之确定，为避免质量事故和安全事故的发生，必须严格遵循施工顺序。

不同工程项目的施工顺序不可能相同，即便是相同类型的工程项目，其施工顺序也不一定完全相同，因此在确定施工顺序时必须根据工程的特点、技术组织要求及施工方案等实际情况合理安排施工顺序。

3. 统计工程量

信息通信工程建设项目的工程量应根据施工图设计文件及现行的工程量计算规则如《信息通信建设工程预算定额》（工信部通信〔2016〕451 号），分别对所划分的各个工作项目进行统计。当施工图设计文件中已有工程预算且工作项目的划分与施工进度计划基本一致时，可以直接套用预算中的工程量而不必重新计算。统计工程量时，其单位应与定额中的单位相一致，便于在计算用工、用料和机械时直接套用定额。

4. 统计施工用工和机械台班数量

当某项工程项目由多个分项工程组成时，应先计算各分项工程的施工用工和机械台班数量，再统计综合施工用工和机械台班数量。

5. 确定工作项目的持续时间

根据工作项目的综合施工用工和机械台班数量，以及平均每天安排在该项工作项目上的施工人数和机械台套数，可计算出完成该工作项目所需的持续时间。安排每班工人人数和机械数量时，应保证每个施工人员拥有足够的工作空间，以发挥其最高效率并保证安全施工，同时使各个工作项目上的施工人员数量不得低于正常施工所需的最低限度，以达到最高生产效率。

6. 编制单位工程施工进度计划图表

由于信息通信工程建设的施工管理相对于其他工程的施工管理要简单一些，因此单位工程施工进度计划可用甘特图表示，具体如表 7.9 所示。

表 7.9　单位工程施工进度计划表

序号	工作项目	主要工作内容	施工持续时间	施工进度计划（天）									
				2	4	6	8	10	12	14	16	18	20
1													
2													
3													
4													
5													
6													

7. 单位工程施工进度计划的检查与调整

当单位工程施工进度计划的初步方案编制好后，需要对其进行检查和调整，使其进度计划更加合理。检查的内容主要是各工作项目的施工顺序是否合理，工期是否满足合同要求，技术力量的配备是否能满足施工要求，主要设备、材料的供应使用是否能满足施工要求，如果发现问题应及时调整。当施工顺序合理、工期能满足合同要求时，再对施工力量配备等进行优化，方可得到完善的施工进度计划。

对于信息通信工程建设施工单位而言，可能同时承担多项信息通信工程的施工任务，为了有效地控制每个工程的施工进度，施工单位还应根据本企业的业务开展情况和人力、物力的配置条件，制定年度施工计划、季度施工计划和月作业计划，将施工进度计划细化，形成施工计划体系。

本 章 小 结

进度控制是确保信息通信工程按时交付的核心手段。在信息通信工程建设的全生命周期内，通过科学有效地进度控制，能够提高资源利用效率、促进多方沟通协调、提升工程建设质量以及降低项目工程造价，充分发挥建设项目的投资效益与社会效益。

本章梳理了进度管理与进度控制的关系，介绍了信息通信工程进度控制的基本概念、影响因素、主要任务、计划表示等内容，分别强调了信息通信工程设计与施工的进度计划编制方法。通过本章的学习，能够在信息通信工程建设的各个阶段，根据不同的工作内容、不同的影响因素，制定有效的进度计划以实现相应的进度控制，确保信息通信工程建设项目进度目标的实现。在学习过程中需以甘特图、网络计划图等工具的应用为起点，加强远程协同、物联网监控以及数字孪生等新技术、新手段的学习，了解数字化进度控制的方法，同时应注重团队协作精神和时间管理意识的培塑。

思　考　题

1. 对比进度管理与进度控制的概念与程序，简述两者之间的区别与关系。
2. 结合自身学习（从事）专业，分析信息通信工程的进度影响因素。
3. 简述信息通信工程建设各个阶段的进度控制任务。
4. 以办公室装修为例，尝试用甘特图表示其进度控制计划。
5. 扩展学习网络计划图的编制方法，尝试用网络计划图表示计算机机房装修的进度控制计划。
6. 扩展学习数字化进度控制的技术手段，简述其在数字化进度控制中的作用。
7. 如何确定阶段性设计进度计划与总进度计划之间的关系？
8. 以通信电源设备安装工程为例，为其拟制设计总进度计划表。
9. 以传输设备安装单位工程为例，简述其施工进度计划的编制步骤。
10. 为做好信息通信工程进度控制工作，需学习补强哪些方面的知识？

参 考 文 献

[1]　赵继勇，赵治，徐智勇，等. 信息通信工程造价管理[M]. 西安：西安电子科技大学出版社，2022.

[2]　赵继勇，贺春雨，曹芳，等. 大话传送网[M]. 2 版. 北京：人民邮电出版社，2019.

[3]　赵继勇，曹芳，汪井源，等. 光缆线路工程[M]. 2 版. 西安：西安电子科技大学出版社，2023.

[4]　中华人民共和国工业和信息化部. 信息通信建设工程预算定额[S]. 北京：人民邮电出版社，2016.

[5]　中华人民共和国工业和信息化部. 信息通信建设工程费用定额[S]. 北京：人民邮电出版社，2016.

[6]　中华人民共和国工业和信息化部. 信息通信建设工程概预算编制规程[S]. 北京：人民邮电出版社，2016.

[7]　中华人民共和国工业和信息化部. 通信工程建设项目招标投标管理办法[Z]. 2014.

[8]　全国人民代表大会常务委员会. 中华人民共和国招标投标法（2017 修订）[Z]. 2017.

[9]　中华人民共和国国务院. 中华人民共和国招标投标法实施条例（2019 修订）[Z]. 2019.

[10]　中华人民共和国信息产业部. 电信设备安装抗震设计规范 YD：5059—2005[S]. 北京邮电大学出版社，2005.

[11]　中华人民共和国工业和信息化部. 通信设备安装工程施工监理规范：YD 5125—2014[S]. 北京：人民邮电出版社，2014.

[12]　中华人民共和国工业和信息化部. 通信建设工程安全生产操作规范：YD 5201—2014[S]. 北京：人民邮电出版社，2014.

[13]　中华人民共和国工业和信息化部. 通信建设工程施工安全监理暂行规定：YD 5204—2014[S]. 北京：人民邮电出版社，2014.

[14]　中华人民共和国工业和信息化部. 通信线路工程施工监理规范：YD/T 5123—2021[S]. 北京：人民邮电出版社，2021.

[15]　中华人民共和国工业和信息化部. 有线接入网设备安装工程设计规范：YD/T 5139—2019[S]. 北京：北京邮电大学出版社，2019.

[16]　中华人民共和国工业和信息化部. 通信工程设计文件编制规定：YD/T 5211—2014[S]. 北京：人民邮电出版社，2014.

[17]　中华人民共和国工业和信息化部. 数据中心基础设施工程技术规范：YD/T 5235—2019[S]. 北京：北京邮电大学出版社，2019.

[18]　中华人民共和国住房和城乡建设部 中华人民共和国国家质量检验检疫总局. 建筑抗震设计规范（2016 年版）：GB 50011—2010[S]. 北京：中国建筑工业出版社，2010

[19]　中华人民共和国住房和城乡建设部. 建设工程监理规范：GB 50319—2013[S]. 北京：中国建筑工业出版社，2013.

［20］　中华人民共和国住房和城乡建设部. 通信局（站）防雷与接地工程设计规范. GB 50689—2011［S］. 北京：中国计划出版社，2011.

［21］　中华人民共和国住房和城乡建设部. 通信局（站）防雷与接地工程验收规范 GB51120—2015［S］. 北京：中国计划出版社，2015.

［22］　中华人民共和国住房和城乡建设部. 建设工程项目管理规范. GB/T 50326—2017 ［S］. 北京：中国建筑工业出版社，2017.

［23］　中华人民共和国住房和城乡建设部. 建设项目工程总承包管理规范. GB/T 50358— 2017［S］. 北京：中国建筑工业出版社，2017.

［24］　中华人民共和国住房和城乡建设部. 通信设备安装工程抗震设计标准 GB/T 51369—2019［S］. 北京：中国计划出版社，2019.